“十四五”时期国家重点出版物出版专项规划项目

中国石油二氧化碳捕集、利用与封存（CCUS）技术丛书

主编　张道伟

CCUS-EOR地面工程技术

林海波　李　涛　孙博尧　冯耀国　◎等编著

石油工業出版社

内容提要

中国石油开展二氧化碳驱油技术已有三十余年历史，以吉林油田为代表的二氧化碳驱油地面工程技术已形成了二氧化碳捕集、输送、注入以及二氧化碳驱采出流体集输处理和伴生气循环注入五大系统关键技术体系，规模实践了CCUS-EOR全流程，形成了可推广的工业化应用模式。本书围绕CCUS-EOR地面工程应用中的管道输送、注入、集输处理、循环注入、腐蚀防护等问题，系统阐述了各项工艺技术与发展趋势。

本书可供从事二氧化碳捕集、利用与封存工作的管理人员及工程技术人员使用，也可作为石油企业相关专业培训用书及石油院校相关专业师生参考用书。

图书在版编目（CIP）数据

CCUS-EOR地面工程技术 / 林海波等编著 . —北京：石油工业出版社，2023.8

（中国石油二氧化碳捕集、利用与封存（CCUS）技术丛书）

ISBN 978-7-5183-5989-9

Ⅰ. ① C… Ⅱ. ①林… Ⅲ. ①注二氧化碳 - 气压驱动 - 地面工程 - 研究 Ⅳ. ① TE357.7

中国国家版本馆CIP数据核字（2023）第080206号

出版发行：石油工业出版社
（北京安定门外安华里2区1号　100011）
网　址：www.petropub.com
编辑部：（010）64523757
图书营销中心：（010）64523633
经　销：全国新华书店
印　刷：北京中石油彩色印刷有限责任公司

2023年8月第1版　2023年8月第1次印刷
787×1092毫米　开本：1/16　印张：11
字数：160千字

定价：100.00元

《中国石油二氧化碳捕集、利用与封存（CCUS）技术丛书》

《CCUS-EOR 地面工程技术》
编写组

组　长：林海波

副组长：李　涛　孙博尧　冯耀国

成　员：（按姓氏笔画排序）

丁玉杰　马　铭　马占恒　王　影　王　鹤
王亚林　石少敏　曲佳楠　吕　泽　吕宏伟
刘向宇　刘冰玫　刘秀卓　刘艳慧　关晓旭
孙宏杨　苏　航　杜　健　杜忠磊　李　强
李　影　李永东　李明卓　杨倩倩　吴　迪
邱振东　何小平　汪忠宝　张　楠　张柏桐
张晓龙　陈海岩　林正文　金连顺　周海莲
赵子慧　段平平　侯　旭　施文彪　徐　扬
徐天麟　高　扬　高　狄　高　泽　郭　红
郭剑波　梅雪松　曹月蕊　詹天兵

序一

自1992年143个国家签署《联合国气候变化框架公约》以来，为了减少大气中二氧化碳等温室气体的含量，各国科学家和研究人员就开始积极寻求埋存二氧化碳的途径和技术。近年来，国内外应对气候变化的形势和政策都发生了较大改变，二氧化碳捕集、利用与封存（Carbon Capture，Utilization and Storage，简称CCUS）技术呈现出新技术不断涌现、种类持续增多、能耗成本逐步降低、技术含量更高、应用更为广泛的发展趋势和特点，CCUS技术内涵和外延得到进一步丰富和拓展。

2006年，中国石油天然气集团公司（简称中国石油）与中国科学院、国务院教育部专家一道，发起研讨CCUS产业技术的香山科学会议。沈平平教授在会议上做了关于"温室气体地下封存及其在提高石油采收率中的资源化利用"的报告，结合我国国情，提出了发展CCUS产业技术的建议，自此中国大规模集中力量的攻关研究拉开序幕。2020年9月，我国提出力争2030年前二氧化碳排放达到峰值，努力争取2060年前实现碳中和，并将"双碳"目标列为国家战略积极推进。中国石油积极响应，将CCUS作为"兜底"技术加快研究实施。根据利用方式的不同，CCUS中的利用（U）可以分为油气藏利用（CCUS-EOR/EGR）、化工利用、生物利用等方式。其中，二氧化碳捕集、驱油与埋存

（CCUS-EOR）具有大幅度提高石油采收率和埋碳减排的双重效益，是目前最为现实可行、应用规模最大的CCUS技术，其大规模深度碳减排能力已得到实践证明，应用前景广阔。同时通过形成二氧化碳捕集、运输、驱油与埋存产业链和产业集群，将为"增油埋碳"作出更大贡献。

实干兴邦，中国CCUS在行动。近20年，中国石油在CCUS-EOR领域先后牵头组织承担国家重点基础研究发展计划（简称"973计划"）（两期）、国家高技术研究发展计划（简称"863计划"）和国家科技重大专项项目（三期）攻关，在基础理论研究、关键技术攻关、全国主要油气盆地的驱油与碳埋存潜力评价等方面取得了系统的研究成果，发展形成了适合中国地质特点的二氧化碳捕集、埋存及高效利用技术体系，研究给出了驱油与碳埋存的巨大潜力。特别是吉林油田实现了CCUS-EOR全流程一体化技术体系和方法，密闭安全稳定运行十余年，实现了技术引领，取得了显著的经济效益和社会效益，积累了丰富的CCUS-EOR技术矿场应用宝贵经验。2022年，中国石油CCUS项目年注入二氧化碳突破百万吨，年产油量31万吨，累计注入二氧化碳约560万吨，相当于种植5000万棵树的净化效果，或者相当于350万辆经济型小汽车停开一年的减排量。经过长期持续规模化实践，探索催生了一大批CCUS原创技术。根据吉林油田、大庆油田等示范工程结果显示，CCUS-EOR技术可提高油田采收率10%~25%，每注入2~3吨二氧化碳可增产1吨原油，增油与埋存优势显著。中国石油强力推动CCUS-EOR工作进展，预计

2025—2030 年实现年注入二氧化碳规模 500 万~2000 万吨、年产油 150 万~600 万吨；预期 2050—2060 年实现年埋存二氧化碳达到亿吨级规模，将为我国“双碳”目标的实现作出重要贡献。

厚积成典，品味书香正当时。为了更好地系统总结 CCUS 科研和试验成果，推动 CCUS 理论创新和技术发展，中国石油组织实践经验丰富的行业专家撰写了《中国石油二氧化碳捕集、利用与封存（CCUS）技术丛书》。该套丛书包括《石油工业 CCUS 发展概论》《石油行业碳捕集技术》《超临界二氧化碳混相驱油机理》《CCUS-EOR 油藏工程设计技术》《CCUS-EOR 注采工程技术》《CCUS-EOR 地面工程技术》《CCUS-EOR 全过程风险识别与管控》7 个分册。该丛书是中国第一套全技术系列、全方位阐述 CCUS 技术在石油工业应用的技术丛书，是一套建立在扎实实践基础上的富有系统性、可操作性和创新性的丛书，值得从事 CCUS 的技术人员、管理人员和学者学习参考。

我相信，该丛书的出版将有力推动我国 CCUS 技术发展和有效规模应用，为保障国家能源安全和“双碳”目标实现作出应有的贡献。

中国工程院院士 袁士义

序二

宇宙浩瀚无垠，地球生机盎然。地球形成于约46亿年前，而人类诞生于约600万年前。人类文明发展史同时也是一部人类能源利用史。能源作为推动文明发展的基石，在人类文明发展历程中经历薪柴时代、煤炭时代、油气时代、新能源时代，不断发展、不断进步。当前，世界能源格局呈现出“两带三中心”的生产和消费空间分布格局。美国页岩革命和能源独立战略推动全球油气生产趋向西移，并最终形成中东—独联体和美洲两个油气生产带。随着中国、印度等新兴经济体的快速崛起，亚太地区的需求引领世界石油需求增长，全球形成北美、亚太、欧洲三大油气消费中心。

人类活动，改变地球。伴随工业化发展、化石燃料消耗，大气圈中二氧化碳浓度急剧增加。2022年能源相关二氧化碳排放量约占全球二氧化碳排放总量的87%，化石能源燃烧是全球二氧化碳排放的主要来源。以二氧化碳为代表的温室气体过度排放，导致全球平均气温不断升高，引发了诸如冰川消融、海平面上升、海水酸化、生态系统破坏等一系列极端气候事件，对自然生态环境产生重大影响，也对人类经济社会发展构成重大威胁。2020年全球平均气温约15℃，较工业化前期气温（1850—1900年平均值）高出1.2℃。2021年联合国气候变化大会将“到本世纪末控制全球温度升高 1.5℃”作为确保人类能够在地球上永续生存的目标之一，并全方位努力推动能源体系向化石能源低碳化、无碳化发展。减少大气圈内二氧化碳含量成为碳达峰与碳中和的关键。

气候变化，全球行动。2020 年 9 月 22 日，中国在联合国大会一般性辩论上向全世界宣布，中国将提高国家自主贡献力度，采取更加有力的政策和措施，力争于 2030 年前将二氧化碳排放量达到峰值，努力争取于 2060 年前实现碳中和。中国是全球应对气候变化工作的参与者、贡献者和引领者，推动了《联合国气候变化框架公约》《京都议定书》《巴黎协定》等一系列条约的达成和生效。

守护家园，大国担当。20 世纪 60 年代，中国就在大庆油田探索二氧化碳驱油技术，先后开展了国家“973 计划”“863 计划”及国家科技重大专项等科技攻关，建成了吉林油田、长庆油田的二氧化碳驱油与封存示范区。截至 2022 年底，中国累计注入二氧化碳超过 760 万吨，中国石油累计注入超过 560 万吨，占全国 70% 左右。CCUS 试验包括吉林油田、大庆油田、长庆油田和新疆油田等试验区的项目，其中吉林油田现场 CCUS 已连续监测 14 年以上，验证了油藏封存安全性。从衰竭型油藏封存量看，在松辽盆地、渤海湾盆地、鄂尔多斯盆地和准噶尔盆地，通过二氧化碳提高石油采收率技术（CO_2-EOR）可以封存约 51 亿吨二氧化碳；从衰竭型气藏封存量看，在鄂尔多斯盆地、四川盆地、渤海湾盆地和塔里木盆地，利用枯竭气藏可以封存约 153 亿吨二氧化碳，通过二氧化碳提高天然气采收率技术（CO_2-EGR）可以封存约 90 亿吨二氧化碳。

久久为功，众志成典。石油领域多位权威专家分享他们多年从事二氧化碳捕集、利用与封存工作的智慧与经验，通过梳理、总结、凝练，编写出版《中国石油二氧化碳捕集、利用与封存（CCUS）技术丛书》。丛书共有7个分册，包含石油领域二氧化碳捕集、储存、驱油、封存等相关理论与技术、风险识别与管控、政策和发展战略等。该丛书是目前中国第一套全面系统论述CCUS技术的丛书。从字里行间不仅能体会到石油科技创新的重要作用，也反映出石油行业的作为与担当，值得能源行业学习与借鉴。该丛书的出版将对中国实现“双碳”目标起到积极的示范和推动作用。

面向未来，敢为人先。石油行业必将在保障国家能源供给安全、实现碳中和目标、建设“绿色地球”、推动人类社会与自然环境的和谐发展中发挥中流砥柱的作用，持续贡献石油智慧和力量。

中国科学院院士 [signature]

丛书前言

中国于2020年9月22日向世界承诺实现碳达峰碳中和，以助力达成全球气候变化控制目标。控制碳排放、实现碳中和的主要途径包括节约能源、清洁能源开发利用、经济结构转型和碳封存等。作为碳中和技术体系的重要构成，CCUS技术实现了二氧化碳封存与资源化利用相结合，是符合中国国情的控制温室气体排放的技术途径，被视为碳捕集与封存（Carbon Capture and Storage，简称CCS）技术的新发展。

驱油类CCUS是将二氧化碳捕集后运输到油田，再注入油藏驱油提高采收率，并实现永久碳埋存，常用CCUS-EOR表示。由此可见，CCUS-EOR技术与传统的二氧化碳驱油技术的内涵有所不同，后者可以只包括注入、驱替、采出和处理这几个环节，而前者还包括捕集、运输与封存相关内容。CCUS-EOR的大规模深度碳减排能力已被实践证明，是目前最为重要的CCUS技术方向。中国石油CCUS-EOR资源潜力逾67亿吨，具备上产千万吨的物质基础，对于1亿吨原油长期稳产和大幅度提高采收率有重要意义。多年来，在国家有关部委支持下，中国石油组织实施了一批CCUS产业技术研发重大项目，取得了一批重要技术成果，在吉林油田建成了国内首套CCUS-EOR全流程一体化密闭系统，安全稳定运行十余年，以“CCUS+新能源”实现了油气的绿色负碳开发，积累了丰富的 CCUS-EOR 技术矿场应用宝贵经验。

理论来源于实践，实践推动理论发展。经验新知理论化系统化，关键技术有形化资产化是科技创新和生产经营进步的表现方式和有效路径。中国石油汇聚 CCUS 全产业链理论与技术，出版了《中国石油二氧化碳捕集、利用与封存（CCUS）技术丛书》，丛书包括《石油工业 CCUS 发展概论》《石油行业碳捕集技术》《超临界二氧化碳混相驱油机理》《CCUS-EOR 油藏工程设计技术》《CCUS-EOR 注采工程技术》《CCUS-EOR 地面工程技术》《CCUS-EOR 全过程风险识别与管控》7 个分册，首次对 CCUS-EOR 全流程包括碳捕集、碳输送、碳驱油、碳埋存等各个环节的关键技术、创新技术、实用方法和实践认识等进行了全面总结、详细阐述。

《中国石油二氧化碳捕集、利用与封存（CCUS）技术丛书》于 2021 年底在世纪疫情中启动编撰，丛书编撰办公室组织中国石油油气和新能源分公司、中国石油吉林油田分公司、中国石油勘探开发研究院、中国昆仑工程有限公司、中国寰球工程有限公司和西南石油大学的专家学者，通过线上会议设计图书框架、安排分册作者、部署编写进度；在成稿过程中，多次组织“线上 + 线下”会议研讨各分册主体内容，并以函询形式进行专家审稿；2023 年 7 月丛书出版在望时，组织了全体参编单位的线下审稿定稿会。历时两年集结成册，千锤百炼定稿，颇为不易！

本套丛书荣耀入选“十四五”国家重点出版物出版规划，各参编单位和石油工业出版社共同做了大量工作，促成本套丛书出版成为国家级重大出版工程。在此，我谨代表丛书编委会对所有参与丛书编写的作者、审稿专家和对本套丛书出版作出贡献的同志们表示衷心感谢！在丛书编写过程中，还得到袁士义院士、胡文瑞院士、邹才能院士、刘合院士、沈平平教授和赵金洲教授等学者的大力支持，在此表示诚挚的谢意！

CCUS 方兴未艾，产业技术呈现新项目快速增加、新技术持续迭代以及跨行业、跨地区、跨部门联合运行等特点。衷心希望本套丛书能为从事 CCUS 事业的相关人员提供借鉴与帮助，助力鄂尔多斯、准噶尔和松辽三个千万吨级驱油与埋存“超级盆地”建设，推动我国 CCUS 全产业链技术进步，为实现国家“双碳”目标和能源行业战略转型贡献中国石油力量！

张道伟

2023 年 8 月

前言

CCUS-EOR是碳捕集、利用与封存（Carbon Capture，Utilization and Storage）体系中专用于强化采油或提高采收率（Enhanced Oil Recovery）的技术，包括了碳捕集、输送、驱油与埋存全流程，是实现中国石油天然气集团有限公司（简称中国石油）“双碳”目标和油田提高采收率的重要技术途径。传统开发方式的转变，给地面工程带来了诸多挑战和难题，CCUS-EOR 地面工程工艺流程复杂、技术难点多、工程投资大，造成常规水驱转二氧化碳驱地面系统不适应、运行成本增加等问题，成为制约 CCUS-EOR 推广和发展的瓶颈。近年来，中国石油不断开展 CCUS-EOR 地面工程关键技术攻关，研发新设备、新材料及新技术，走通了捕集、输送、注入、采出流体集输处理及循环注入全流程，总结 CCUS-EOR 地面工程技术，对于推动 CCUS 业务高质量发展具有重要意义。

本书第一章主要介绍了二氧化碳特殊物性及二氧化碳驱采出流体的特性，提供了地面工程技术研究的基础依据，参与编写的有孙博尧、丁玉杰、周海莲、李永东、张楠等。第二章通过介绍不同相态输送工艺技术，结合计算公式、工程实例和标准，提出管道输送优化方案设计模型，参与编写的有李涛、孙博尧、马铭、杜忠磊、杜健、高泽、郭剑波、段平平等。第三章根据注入相态不同，结合现场工程实例，举例介绍液相、超临界及循环注入技术工艺要点及推荐方案比选，参与编写的有林海波、吴迪、詹天兵、吕宏伟、王鹤、刘向宇、陈海岩、李影、郭红、何小平、苏航等。第四章分析了采出流体物性的变化对集输系统的影响，提出技术对策，结合工程实例重点介绍了不同油田二氧化碳驱采出流体的集输处理技术，参与编写的有孙博尧、马占恒、侯旭、张晓龙、曹月蕊、李强、徐扬、杨倩倩、刘艳慧、赵子慧、高狄、李明卓、关晓旭、邱振东等。第五章主要阐述了二氧化碳腐蚀影响因素与影响规律，以及二氧化碳腐蚀控制措施，指导地面工程腐蚀防护设计，参与编写的有林海波、李涛、刘秀卓、汪忠宝、徐天麟、王影、孙宏杨等。第六章简要介绍了近期国内外 CCUS-EOR 项目进展，结合推广应用难点问题，展望地面工程技术发展方向，参与编写的有孙博尧、金连顺、梅雪松、刘冰玫、吕泽等。

本书出版受中国石油天然气集团有限公司资助。在本书编写过程中得到了廖广志、班兴安、胡玉涛、吴浩、田占良、李秋忙、陈丙春、翁玉武、马晓红、祝孝华、王亚林、孙锐艳、苗新康、李育天、孟岚、商永滨、叶永平、孟凡鹏、程振华等专家的帮助。谨在本书出版之际，向以上专家表示衷心感谢！

由于作者学识有限，本书中难免有疏漏之处，敬请读者朋友们批评指正。

目录

第一章　二氧化碳特性及二氧化碳驱采出流体的特性

CO_2 作为一种特殊驱油介质，在溶解性、萃取、混相等方面有其独特优势，可以大幅度提高原油采收率。本章主要阐述了受 CO_2 特殊物性影响，CO_2 驱油田地面工程技术从输送、注入、计量、采出、集输、处理到腐蚀防护都与常规的水驱不同。物性参数是水力计算和热力计算的基础，是地面工程设计的依据，在进行优化设计时，要保证 CCUS-EOR 地面系统安全高效平稳运行。

第一节　二氧化碳物性参数

CCUS-EOR（CO_2 驱提高石油采收率）作为一种气驱提高原油采收率的方式，不仅具备常规的气驱能力和特征，而且还具备了一些特殊的驱替功能，这是由 CO_2 特有的物理化学性质所致。如 CO_2 处于超临界状态时，其密度近于液体，而黏度仍近于气体；CO_2 能萃取原油中的轻质组分，与原油进行不同程度的组分传质。通过向油层注入 CO_2 改善油藏流体性质、降低界面张力、调节油水流度比以扩大波及体积等方式，达到大幅度提高油藏原油采收率的目的。

一、常规物理性质

常温常压下，CO_2 为无色无味气体，相对密度约为空气的 1.53 倍。当压力为 101325Pa（1atm）、温度为0℃时，CO_2 密度为 $1.98kg/m^3$，导热系数为 0.073J/（m·K），动力黏度为 0.0138mPa·s。CO_2 化学性质不活泼，通常条件下既不可燃，也不助燃；无毒，但空气中 CO_2 含量过高时，也会使人因缺氧而发生窒息。能溶于水，并生成碳酸，具有腐蚀性。CO_2 与强碱强烈作用，生成碳酸盐。在一定条件及催化剂作用下，CO_2 具有一定的化学活性。

CO_2 在复杂的压力和温度条件下具有不同的物理特性。超临界条件下，CO_2

的相态特性、密度、黏度及溶解特性等都会对其接触的原油性质产生一定的影响。

二、相态

CO_2 分五种相态，固态、液态、气态、密相态和超临界态。针对工业化应用，CO_2 在液态、气态、密相态和超临界态应用较多。

液态：相态图中由饱和蒸气压曲线、三相点 −56.5℃ 线和临界点 31.1℃ 线包围的区域，接近水的密相（图 1−1）。

气态：相态图中由饱和蒸气压曲线、临界点 7.38MPa 线右下侧的区域，具有气态的低密度和较好的压缩性（图 1−1）。

密相态：将液相温度小于临界温度，压力大于临界压力的区域定义为密相。

超临界态：在一定温度和压力条件下，CO_2 的相态会以固态、液态和气态的形式发生转变，各相转变均有其临界点。当压力和温度达到一定值时（31.1℃、7.38MPa）CO_2 会进入一种非气非液的超临界状态，具体相态图如图 1−1 所示。在 31.1℃、7.38MPa 条件下，超临界状态 CO_2 为介于液态和气态之间的非气非液的流体状态。它兼有液态高密度和气态良好流动性及低摩阻的特性。相态图中三相点（−56.5℃）左侧区域，CO_2 无流动性，为白色固态，也称为干冰，在常压下可直接升华，升华时吸收大量热量，可作为制冷剂，用于医疗及食品的冷藏、冷冻、运输和储存。

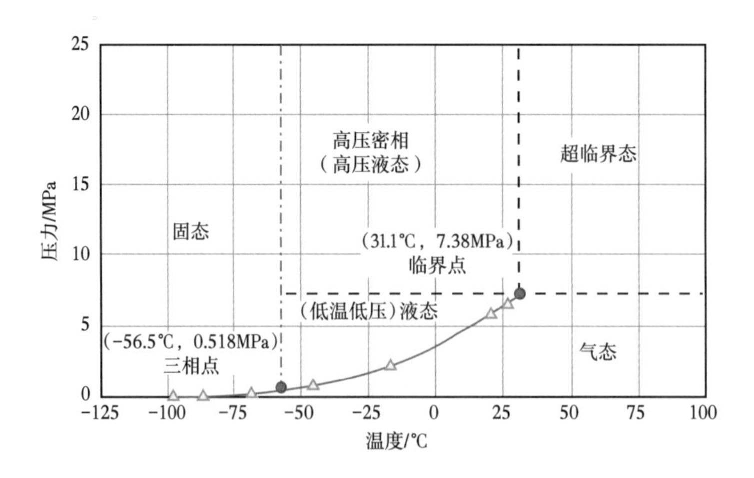

图 1−1　纯 CO_2 相态图

CO_2 输送及驱油过程大多是在超临界及密相条件下进行的，需根据不同的相态选择不同的注入设备和工艺。

三、密度

与氮气、烃类气体相比，CO_2 的临界压力明显偏低。油藏条件下，CO_2 多处于超临界态，此时 CO_2 为高密度气（流）体，其密度与温度和压力呈非线性关系，如图 1-2 所示。总体上，密度随着压力的升高而增大，随着温度的升高而减小。当 CO_2 处于临界点和饱和蒸气压曲线附近时，密度对压力和温度变化十分敏感，微小的压力或温度变化导致密度的急剧变化。由临界温度（31℃）以上的曲线可知，综合控制流体压力和温度，可以在较大范围内调整 CO_2 的密度。如图 1-2 所示，气态 CO_2 的密度低于 200kg/m^3，液态 CO_2 的密度一般为 600~1200kg/m^3，甚至更高。超临界 CO_2 的密度范围较广，通常为 200~1000kg/m^3。

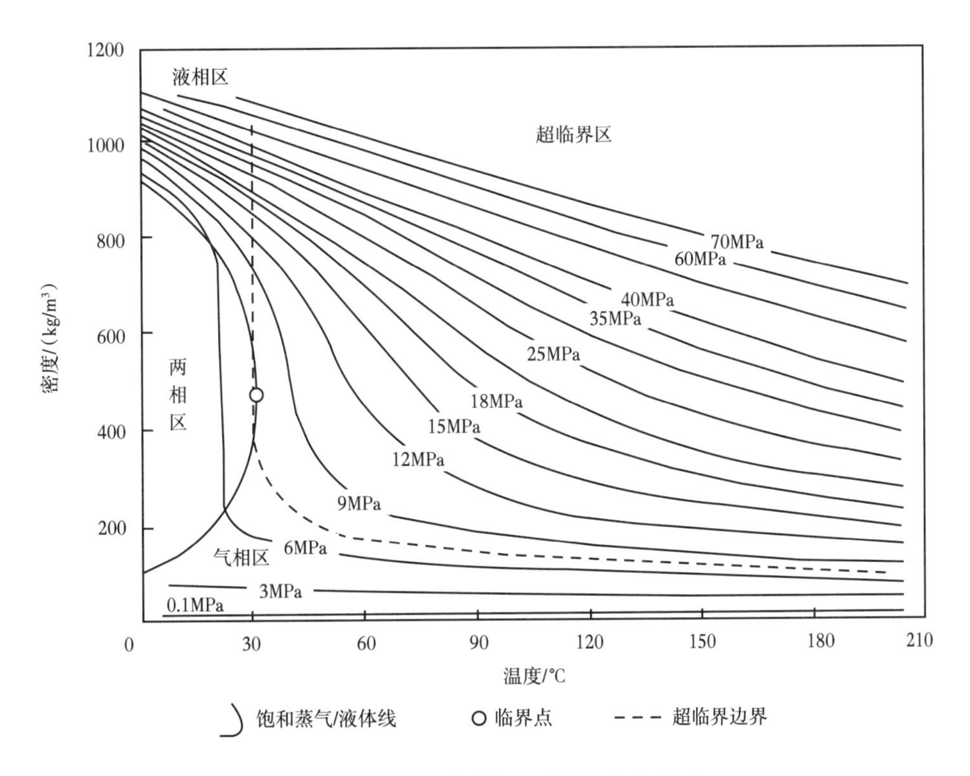

图 1-2　CO_2 的密度与温度和压力的关系

四、黏度

黏度是影响 CO_2 驱油效果的关键参数之一，主要受温度和压力影响。以临界压力为界，CO_2 黏度随温度的变化规律存在明显差异。如图 1-3 所示，临界压力以下，CO_2 黏度随着温度的增加而增大，但增加幅度很小；而临界压力以上，CO_2 的黏度随着温度升高而大幅度减小。

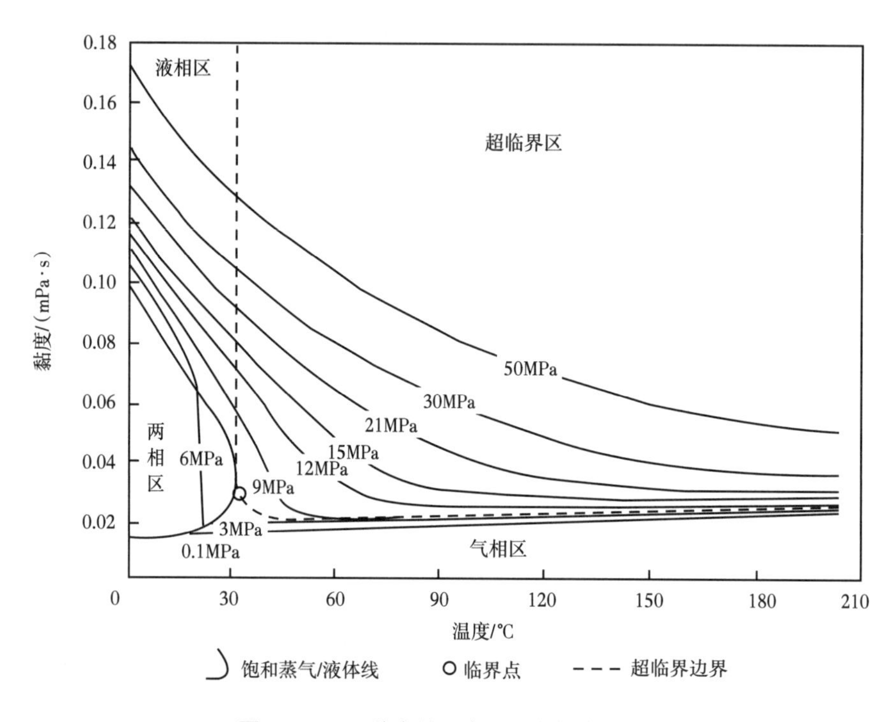

图 1-3　CO_2 黏度随温度、压力的变化曲线

五、溶解特性

CO_2 驱油过程中，CO_2 与原油和水之间具有复杂的相互作用，其中溶解作用是基本特征之一。CO_2 在水中的溶解作用较为简单，如图 1-4 所示。CO_2 可以较大幅度地在水中溶解，溶解度随着压力增加而增加；随着温度的增加而减小。油藏的地层水中常常富含大量的矿物质，对 CO_2 的溶解产生影响。如图 1-5 所示，在一定温度下，CO_2 的溶解度会随着水矿化度的增加而减小。

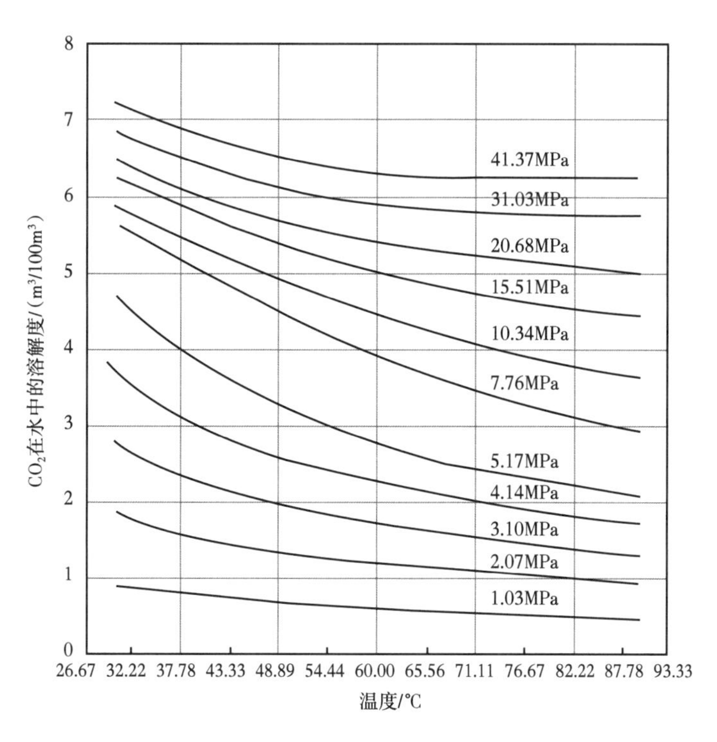

图 1-4 CO_2 在水中的溶解度随温度、压力的变化曲线

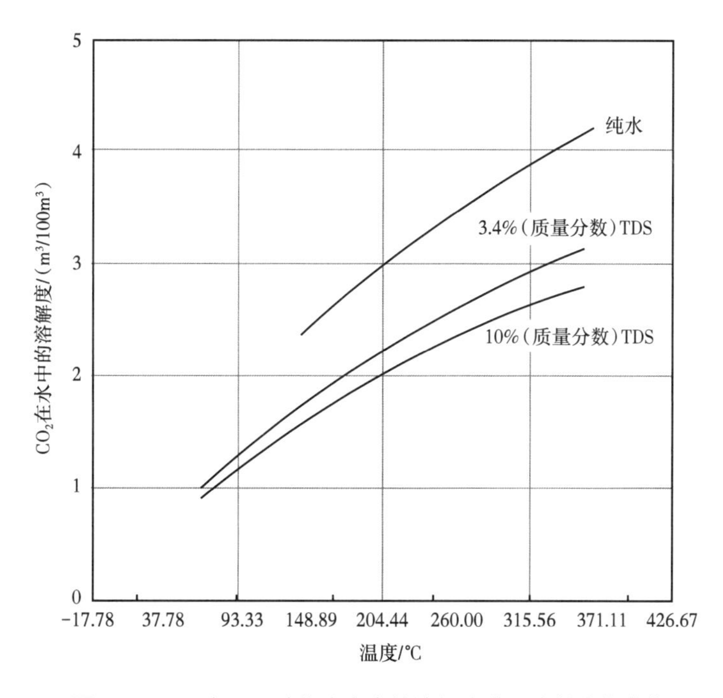

图 1-5 CO_2 在不同矿化度水中的溶解度随温度的变化曲线

TDS—(含矿物质的水的)总溶解固体量

六、压缩因子

压缩因子表示实际气体与理想气体的偏离程度。对于理想气体，压缩因子为 1；对于实际气体，压缩因子是状态的函数。在 CO_2 气相实现超临界态压缩过程中，CO_2 的压缩因子表示了其相对于理想气体压缩的难易程度，对于了解 CO_2 压缩状况有重要作用。

计算压缩因子采用的方程为 Peng-Robinson 方程（PR 方程），该方程的一般形式为：

$$p=\frac{RT}{V-b}-\frac{a(T)}{V(V+b)+b(V-b)} \tag{1-1}$$

令 $A=ap/(RT)^2$，$B=bp/RT$，$V=ZRT/p$，则式（1-1）写成压缩因子 Z 表示的三次方程形式为：

$$Z^3-(1-B)Z^2+\left(A-3B^2-2B\right)Z-\left(AB-B^2-B^3\right)=0$$

其中

$$b=0.0778RT_c/p_c$$

$$a=a_c\alpha$$

$$a_c=0.45724(RT_c)^2/p_c$$

$$\alpha^{0.5}=1+m(1-T_r^{0.5}),\ T_r=T/T_c$$

$$m=0.37464+1.54226\omega-0.26992\omega^2$$

式中 p——体系的压力，MPa；

T——体系的温度，K；

V——组分的摩尔体积，cm^3/mol；

Z——压缩因子；

R——理想气体常数，8.314J/（mol·K）；

p_c——组分临界压力，MPa；

ω——偏心因子；

T_c——组分临界温度，K。

压缩因子 Z 可通过下式计算：

$$Z = \frac{pV}{RT} \tag{1-2}$$

根据 Kinder Morgan 公司提供的纯 CO_2 压缩因子数据[1]，可以作出在管道运行温度和压力下纯 CO_2 的压缩因子图，如图 1-6 所示。

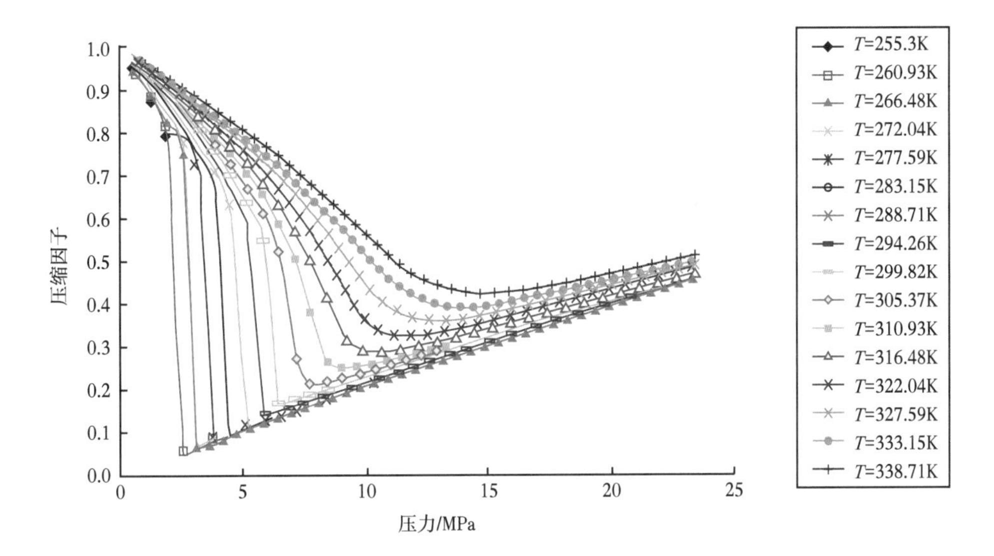

图 1-6　不同温度下纯 CO_2 压缩因子随压力变化曲线

由图 1-6 可以看出，当温度低于临界温度时，随着压力上升，压缩因子急剧减小，当压力达到该温度下的饱和蒸气压时，曲线在该处发生明显的转折，之后，随着压力继续上升，压缩因子缓慢增加。而当温度高于临界温度时，在临界压力处，曲线仍发生转折，压缩因子先减小后增大，但在整个压力范围内，压缩因子的变化较平缓，曲线较平滑。

七、比热容

比热容是单位质量物质的热容量，即单位质量物体改变单位温度时吸收或释放的内能。比定压热容 c_p 是单位质量的物质在压力不变的条件下，温度升高或下降 1℃（或 1K）所吸收或放出的能量。

同样，可以根据 Kinder Morgan 公司提供的 CO_2 比定压热容数据，作出在管道运行温度和压力下纯 CO_2 的比定压热容曲线图，如图 1-7 所示。

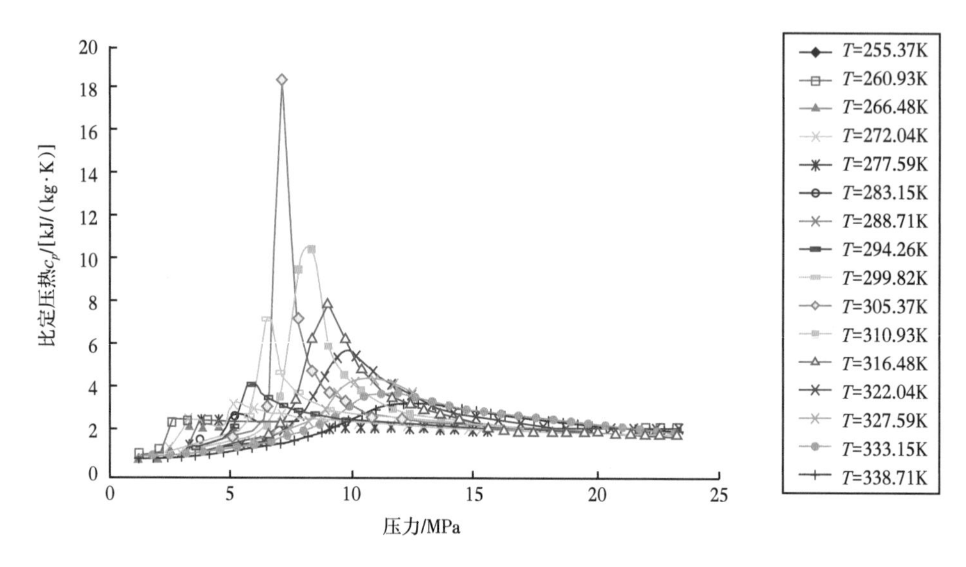

图 1-7　不同温度下纯 CO_2 比定压热容随压力变化曲线

由图 1-7 可以看出，随着压力上升，比定压热容增加，当压力达到该温度下的饱和蒸气压时，比定压热容发生突变，之后，随着压力继续上升，比定压热容缓慢减小。当温度远离临界温度时，随着压力变化，整条曲线的变化相对平缓[2]；而温度越接近于临界温度，在临界压力附近，比定压热容的突变越明显，出现的尖峰越突出，这是因为临界点附近，物性参数对于温度和压力的变化都非常敏感，因此在进行设计时，应使管道运行参数远离临界点。

第二节　杂质对二氧化碳物性的影响

随着 CCUS 规模扩大，工业捕集后的 CO_2 将成为主要碳源进行利用。捕集的 CO_2 会含不同种类和数量的化学组分，如 H_2O、H_2S、SO_x、N_2、CH_4、Ar、O_2、CO 等，N_2、O_2、CH_4、H_2 对 CO_2 输送影响较大。

杂质通过对相平衡线的影响使 CO_2 的气液共存两相区扩大，非极性杂质

（N_2、O_2、H_2、CH_4）通过改变泡点线使两相区变大，露点线的变化不大（图 1-8）。在非极性杂质的影响中，H_2 作为杂质使两相区的扩展较大，而 CH_4 杂质使两相区的扩展较小。由于杂质的存在形成了 CO_2 的两相区，当温度和压力条件使含杂质的 CO_2 正处于两相区进行增压时，易造成设备运行故障。

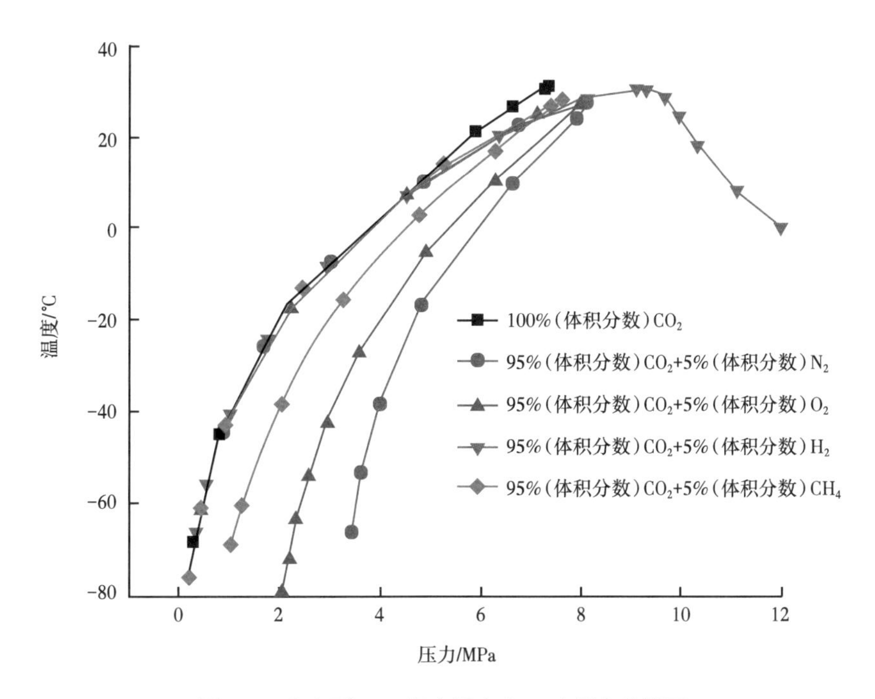

图 1-8　含杂质 CO_2 泡点露点（p-T）相态曲线图

CO_2 的密度和压缩性系数，也包括其他若干性能参数都属于其固有属性，通过对不同压力条件下的数据比较和趋势模拟，在了解和掌握其规律的基础上，选择合适的增压设备，制定合适的工艺方案，确定满足设备运行要求的安全操作边界。但 CO_2 中杂质的存在使得其各项性能参数发生改变，尤其是对安全运行边界的确定带来极大的不确定性，而且所有管输 CO_2 都会存在杂质。所以，在杂质存在情况下，CO_2 的参数变化趋势和程度需要研究和掌握。如果杂质的组分变化区间很大，尤其是确定安全运行边界的工作中要对所有组分组合情况进行计算和分析。不同于液相注入很高纯度的 CO_2，用于以密相状态注入驱油的 CO_2 基本上都是含有杂质的，虽然杂质的增加会影响 CO_2-EOR 的混相压力，还会有其他如腐蚀等问题的影响。杂质情况与 CO_2 的来源或处理工艺密切相关，当然，除了来自管道输送的 CO_2，CO_2–EOR 现场对于采用循环注入处理采出气工艺中的 CO_2 气源，杂质状况会更加复杂。

CO_2 中的杂质主要为甲烷和氮气，即使其含量较少也会影响 CO_2 的参数性质，其他常见的杂质还有 H_2S 和 H_2O，这些杂质都会影响 CO_2 的特性，但是一般情况下，其含量远小于氮气和甲烷含量，对超临界 / 高压密相的各项性质影响较小，除因安全因素控制其他参数的举措，主要研究甲烷和氮气对 CO_2 性质的影响。

一、杂质对二氧化碳相平衡的影响

以 93%CO_2、6%CH_4、1%N_2 的组分为例，研究杂质对于 CO_2 相平衡的影响。在压力—温度（p–T）图（图 1-9）中可以看出，100%CO_2 在 p–T 上呈现的是一条折线，而通过软件模拟的含有杂质 CO_2 的 p–T 图（图 1-10）上可以看出，其泡点线和露点线相交于临界点，其形成的包络曲线即是气液两相区。

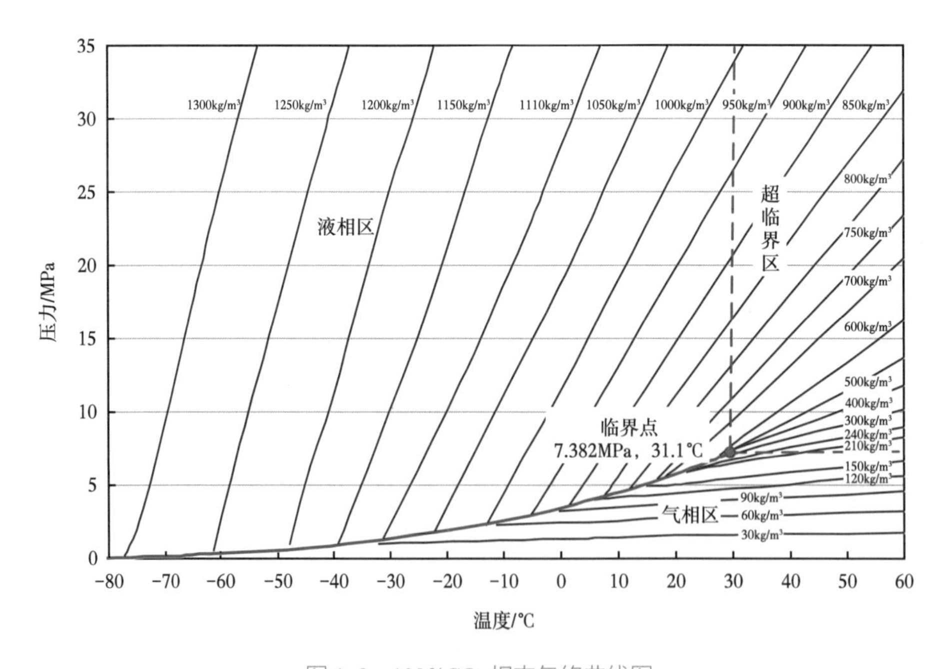

图 1-9　100%CO_2 相态包络曲线图

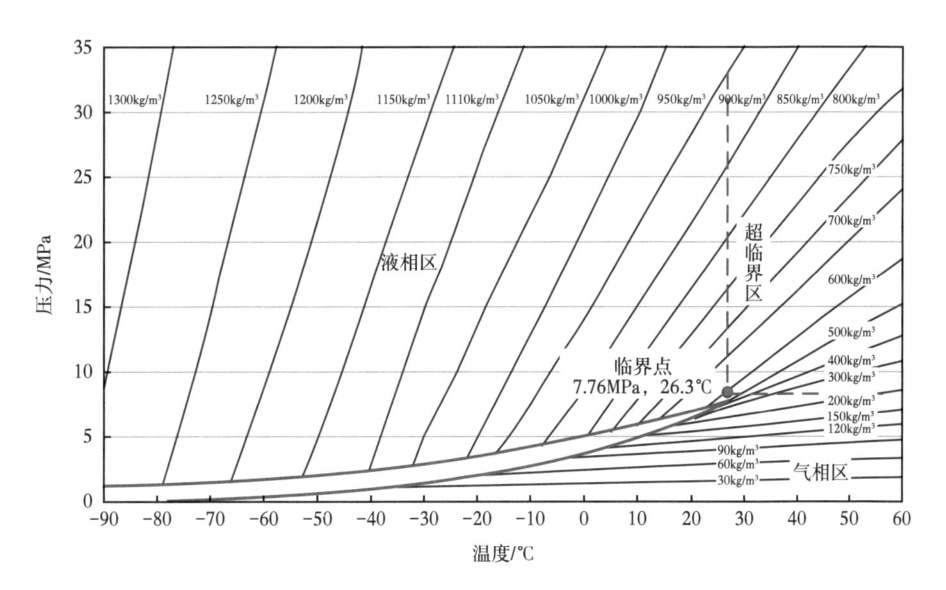

图 1-10　含有杂质的 CO_2 相态包络曲线图

二、杂质对二氧化碳临界点的影响

CO_2 中不同 CH_4 和 N_2 含量对临界点的影响如图 1-11 所示，随着 CH_4 和 N_2 含量的增加，CO_2 的临界温度和临界压力都会发生变化。不论是 CH_4 还是 N_2，随着其含量的增加，其变化趋势是一致的，即临界温度不断降低，而临界压力

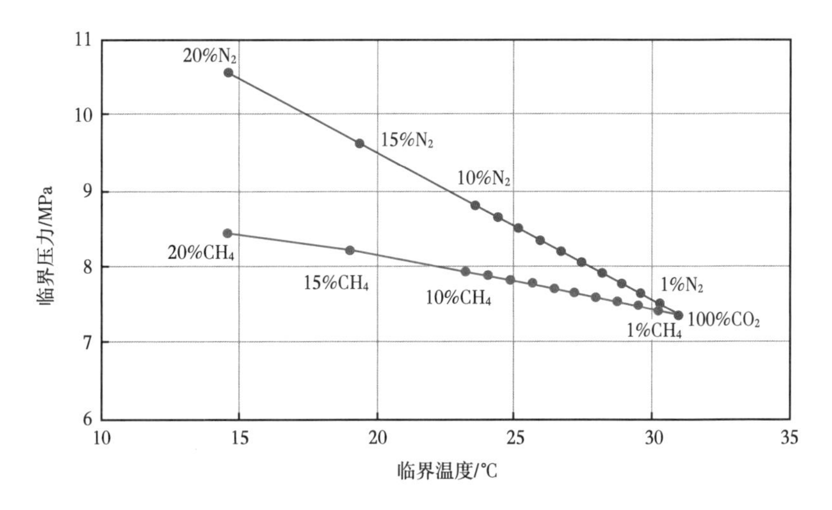

图 1-11　CO_2 中不同 CH_4 和 N_2 含量对临界点的影响图

不断升高。在临界温度方面，相同含量的 CH_4 或 N_2 降低的幅度差不多；而在临界压力方面，N_2 对 CO_2 的影响已经超过 CH_4 影响的 2 倍，在 CO_2 中的含量越高，影响就越大（表 1-1）。

表 1-1　CH_4 和 N_2 含量对临界点的影响数据表

CH_4 含量对临界点的影响			N_2 含量对临界点的影响		
CH_4 浓度 / %	临界温度变化 / ℃	临界压力变化 / MPa	N_2 浓度 / %	临界温度变化 / ℃	临界压力变化 / MPa
1	−0.730	0.059	1	−0.670	0.134
2	−1.470	0.118	2	−1.360	0.270
3	−2.210	0.176	3	−2.060	0.409
4	−2.970	0.233	4	−2.770	0.549
5	−3.730	0.291	5	−3.500	0.692
6	−4.510	0.347	6	−4.240	0.838
7	−5.290	0.404	7	−4.990	0.986
8	−6.080	0.459	8	−5.760	1.136
9	−6.890	0.514	9	−6.540	1.289
10	−7.700	0.569	10	−7.340	1.445
15	−11.930	0.829	15	−11.590	2.265
20	−16.450	1.066	20	−16.310	3.160

三、杂质对二氧化碳其他参数的影响

以含 10%N_2 的 CO_2 和 100% CO_2 的密度和压缩性系数做比较（表 1-1），可以看出含有 10%N_2 的 CO_2 的临界点参数较 100%CO_2 偏移了 −7.34℃，+1.445MPa。所以分别就密度和压缩性系数作含 10%N_2 和 100%CO_2 的在 10℃ 和 30℃ 温度条件下的曲线（图 1-12 和图 1-13）。关于密度的比较，考虑 N_2 密度比 CO_2 小的因素，含 10%N_2 的密度理论上应该比同样条件下的 100%CO_2 小 3.6%。从密度曲线上看

（图 1-12），在气相状态下，密度相差都不大。10℃、100%CO_2 由气态进入液态发生突变，而含 10%N_2 的 CO_2 在 10℃ 的曲线上显示，大致在 4~8MPa 时进入气液两相状态，从大致8MPa以上开始，二者均进入高压密相状态，密度存在差异，但随着压力升高，差异越来越小。密度差别在 9MPa 时最高差 21%，到 15MPa 时为 15%，超过 30MPa 时减少至 5%。在 30℃ 的密度曲线上，这种差距将进一步增大，密度差别在 9.5MPa 时最高接近 50%，到 15MPa 时为 18%，基本上趋近于 10℃ 时二者的差别。分析曲线图可以得出，杂质对密度的影响很大，在最关注的高压密相注入增压前的工况区间，其差异已经远远超过由于组分摩尔质量不同带来的差异。

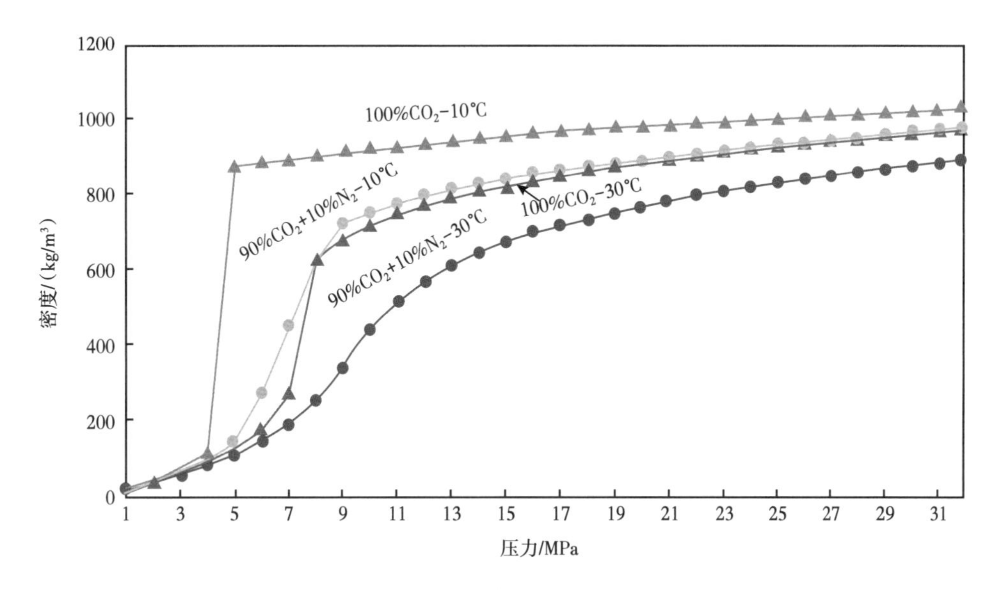

图 1-12　90%CO_2+10%N_2 与 100%CO_2 密度比较曲线图

关于压缩性系数的比较，从大致趋势上来看，同等温度条件下，含 10%N_2 的 CO_2 较 100%CO_2 的压缩性系数要高一些。在 10℃ 含 10%N_2 的 CO_2 曲线上，在大致 5~9MPa 之间显示无数据，是由于此区间已进入气液两相区。在 10℃ 温度条件下，从 9MPa 到 15MPa 的压力区间范围，100%CO_2 比含有 10%N_2 的 CO_2 的压缩性系数大约小 0.03~0.04。而在 30℃ 的温度条件下，从压缩性系数曲线图 1-13 上可以看出，由于含有 10%N_2CO_2 的临界压力很低，其体现了由气态直接进入超临界状态的曲线特征。通过与 100%CO_2 的压缩性系数曲线图和对应数据的比较，含有 10%N_2 的 CO_2 在 30℃ 温度条件下的曲线基本上等同于 100%CO_2。

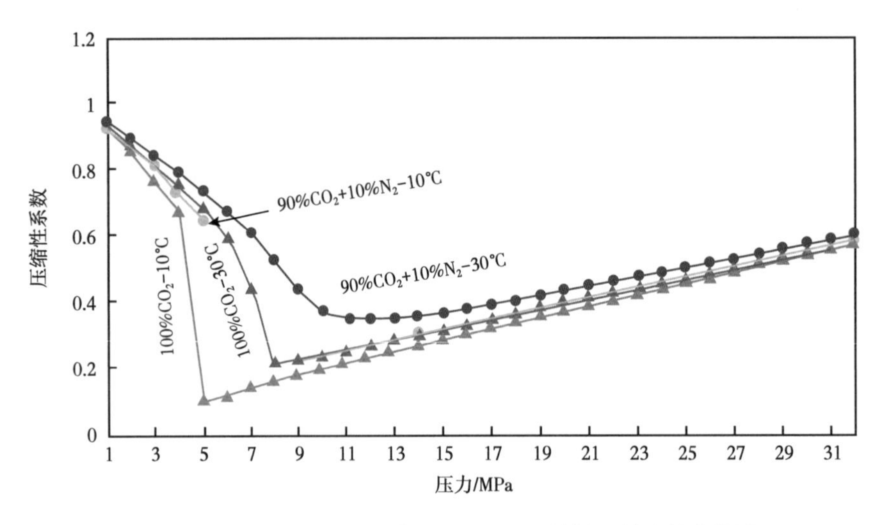

图 1-13　90%CO_2+10%N_2 与 100%CO_2 压缩性系数比较曲线图

在 45℃ 条件下的曲线上，在 9MPa 压力时，100%CO_2 的压缩性系数为 0.2305，而含有 10%N_2 的 CO_2 的压缩性系数为 0.4467。

从密度和压缩性系数的影响角度，增压设备进口条件安全边界将会发生偏移，针对每个项目的实际组分情况，要进行详细的模拟计算。

第三节　二氧化碳驱采出流体特性

一、采出液特点

在 CO_2 与原油混相过程中，界面张力逐渐降低并接近零，形成的油气混合流体向前移动，使其驱油能力增强。在推进过程中，不断有新的原油轻质组分溶解到 CO_2—原油混相液中，通常为 C_2—C_6 组分，甚至可以包括到 C_{10}[3]，这就极大地丰富了 CO_2—原油混相液中的轻质组分，使 CO_2—原油混相液组分不断向原油组分逼近，而 CO_2 分子又不断地进入原油中，使得原油组分接近 CO_2—

原油混相液组分。

由于 CO_2 的萃取作用，使 CO_2 驱油井采出原油的组分随着开发进程发生变化。轻质组分随开发先增加、后减少；重质组分随开发先减少、后增加。此外受混相程度差异影响，井流物组分变化较大，在注入初期试验区混相效果差，井流物 C_2—C_7 初期含量较高，试验区混相后，相间传质作用剧烈，井流物重质组分含量逐渐上升。大庆榆树林非混相驱状况下原油正构烷烃随开发进程变化、混相驱状况下原油正构烷烃随开发进程变化及原油密度随开发进程变化曲线情况如图 1-14 至图 1-16 所示。

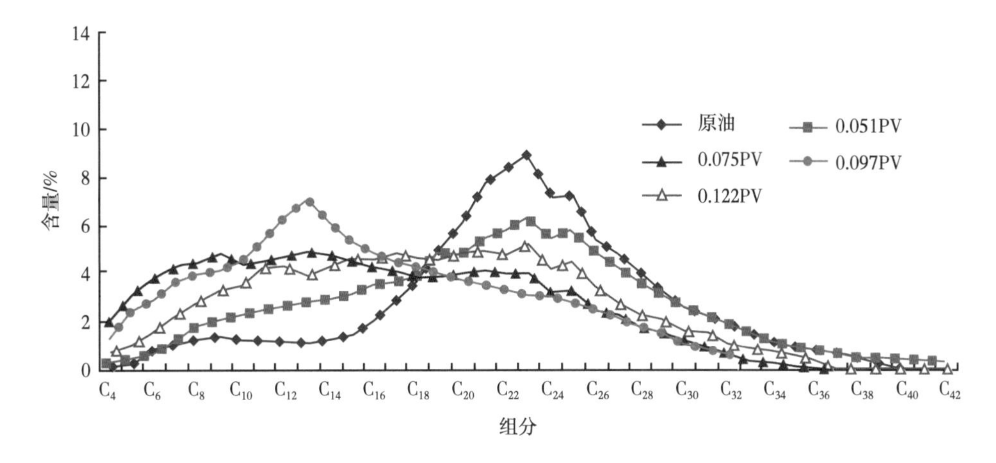

图 1-14　树 95—碳 13 非混相驱状况下原油正构烷烃变化曲线

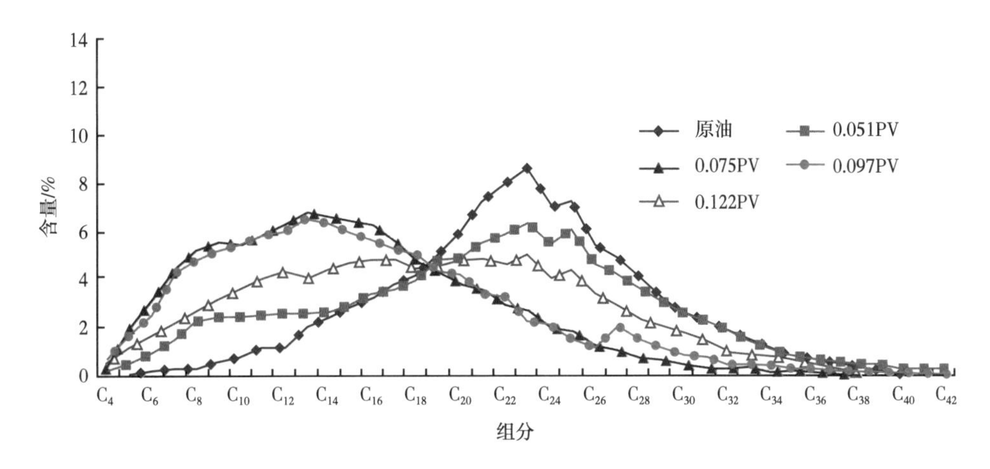

图 1-15　树 91—碳斜 18 混相驱状况下原油正构烷烃变化曲线

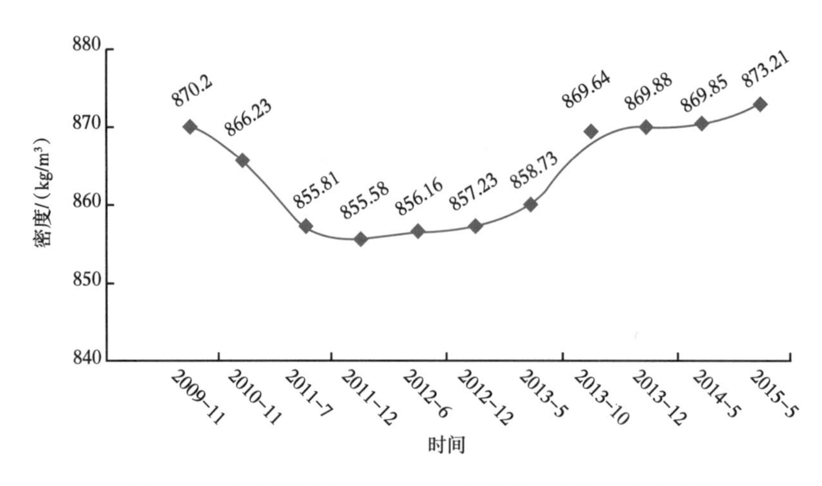

图 1-16　大庆榆树林 CO_2 驱原油密度随开发进程变化曲线

大庆油田 CO_2 驱主要试验区原油基本物性见表 1-2。

表 1-2　大庆油田 CO_2 驱试验区原油物性表

区块	密度 / g/cm^3	黏度 / mPa·s	凝固点 / ℃	含硫 / %	含蜡 / %	胶质 / %	酸值（以 KOH 计）/ mg/g
树 101	0.855	18.5	34		26	12.3	0.6
树 16	0.857	19.1	33	0.192	24	12	0.3
贝 14	0.837	9.4	26		14.9	14.3	0.1

长庆油田黄 3 区试注前脱气原油各组分含量的整体变化趋势为在 C_8 之前随碳原子数的增加而增大，在 C_8 之后随碳原子数的增加而减小，其中在 C_7—C_{10} 分布最为集中。C_8 的质量分数最高，为 12.654%。碳原子数为 25 以上的组分含量较少，均小于 1%。

二、采出气特点

由于 CO_2 在油藏和采油井筒温度压力时为气态，油井采出流体气液比高于水驱、化学驱等开发方式，且采出气中高含 CO_2，通常体积分数在 80% 以上，最高可达 98% 以上。

中国石油吉林油田公司（简称吉林油田）黑 79 北小井距 CO_2 驱试验区原始气油比为 $38m^3/m^3$. 气驱初期 CO_2 萃取原油中的轻质组分，产出气主要成分

为 CH_4。当 CO_2 注入量达到 0.1HCPV（含烃孔隙体积）时，试验区气油比达到 200m³/m³ 以上，部分油井单方向见气严重；CO_2 注入量达到 0.3HCPV 时，试验区气油比达到 500m³/m³ 以上，CO_2 含量超过 60%；CO_2 注入量达到 0.48HCPV 时，试验区气油比达到 1000m³/m³ 以上，部分油井日产气达到 3000m³ 以上，CO_2 含量超过 90%，大量的 CO_2 气体产出后受温度压力变化影响，发生剧烈的相态变化，井口附近产出流体温度下降明显。

大庆油田 CO_2 驱主要试验区采出气性质和组分见表 1-3 和表 1-4。

表 1-3　采出气性质（0.191HCPV）

序号	检测项目	树 101	树 16	贝 14
1	高位热值 /（MJ/m³）	5.58	16.54	13.14
2	低位热值 /（MJ/m³）	5.09	15.04	12.04
3	密度 /（kg/m³）	1.7618	1.5169	1.7524
4	相对密度	1.4628	1.2594	1.455
5	总硫（以硫计）/（mg/m³）	67	1	1
6	硫化氢 /（mg/m³）	36	0.1	0.1

表 1-4　大庆油田 CO_2 驱采出气组分（0.191HCPV）　单位：%（摩尔分数）

序号	检测项目	树 101	树 16	贝 14
1	甲烷	6.92	26.14	10.36
2	乙烷	0.68	2.75	1.18
3	丙烷	1.03	2.29	2.27
4	异丁烷	0.19	0.26	0.61
5	正丁烷	0.48	1.06	1.69
6	异戊烷	0.13	0.17	0.61
7	正戊烷	0.19	0.46	1.03
8	己烷和更重组分	0.17	0.21	0.69
9	CO_2	89.68	63.81	80.76
10	氧气	0.01	0.38	0.01
11	氮气	0.50	2.42	0.77
12	氦气	0.01	0.01	0.01
13	氢气	0.01	0.04	0.01
累计		100.00	100.00	100.00

三、采出水特点

通过模拟试验，对 CO_2 驱采出水的性质进行了研究。实验结果表明：采出水中通入 CO_2 后，其 pH 值会相应降低。众所周知，水中存在着 CO_2、HCO_3^-、CO_3^{2-} 的相对平衡，pH 值与水中 CO_2、HCO_3^-、CO_3^{2-} 的平衡关系如图 1-17 所示。

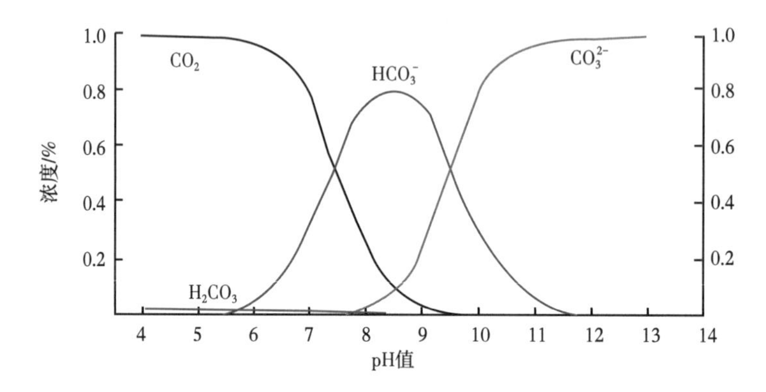

图 1-17　pH 值与水中 CO_2、HCO_3^-、CO_3^{2-} 的平衡关系图

从图 1-17 中可以看出，当水中引入 CO_2 后，会破坏水中 CO_2、HCO_3^-、CO_3^{2-} 的平衡关系，使 pH 值降低，HCO_3^- 增加，并建立一个新的平衡，此时水的酸性会略有增强，腐蚀性略有增大，但并不会增加采出水的处理难度。

根据某油田对 CO_2 驱采出水的检测，采出水的性质见表 1-5。从表中可以看出，CO_2 驱油井采出水中含有大量的溶解性 CO_2 等气体，使得水质 pH 值较低，一方面可能造成油田设备腐蚀、管线穿孔等问题，增加设备管线维护频率和成本，另一方面腐蚀产物也可能使得来水中悬浮固体含量上升，降低水质达标率。

为了更好地开展研究工作，某油田开始了室内模拟实验，采用“静置浮升法”，利用直径 80mm、高 1000mm 底部设置取样口的圆柱形玻璃沉降柱（5L）进行试验温度为 40℃，沉降时间分别为 0h、1h、2h、4h、6h、8h、12h、24h 的沉降试验，分别检测沉降后采出水含油量、矿化度、粒径中值、细菌含量、硫化物含量等水质物化参数。此外，为防止水中 CO_2 溢出，在 40℃ 常压密闭条件下，向采出水中不断通入 CO_2 气体直至水中 CO_2 含量满足试验研究要求。图 1-18 和图 1-19 分别给出了 CO_2 驱采出水水质特性和油水分离特性变化曲线。

表 1-5　某油田 CO_2 驱试验区采出水性质表

序号	含油量 / mg/L	悬浮固体含量 / mg/L	腐生菌 / 个 /mL	铁细菌 / 个 /mL	粒径 / μm	硫化物含量 / mg/L	总矿化度 / mg/L	pH 值	腐蚀速率 / mm/a
1	36.7	27.1	0	0	1.129	1.78	2988	8.0	0.11
2	37.6	28.2	0	0	1.231	2.04	3179	7.9	0.125
3	34.4	27.4	0	0	0.606	2.18	3065	7.95	0.120
4	31.2	25.6	0	0	0.678	3.31	2443	7.17	0.128
5	39.8	25.6	0	0	0.613	3.14	2684	7.45	0.122
6	36.5	26.4	0	0	0.625	3.56	2765	7.66	0.126

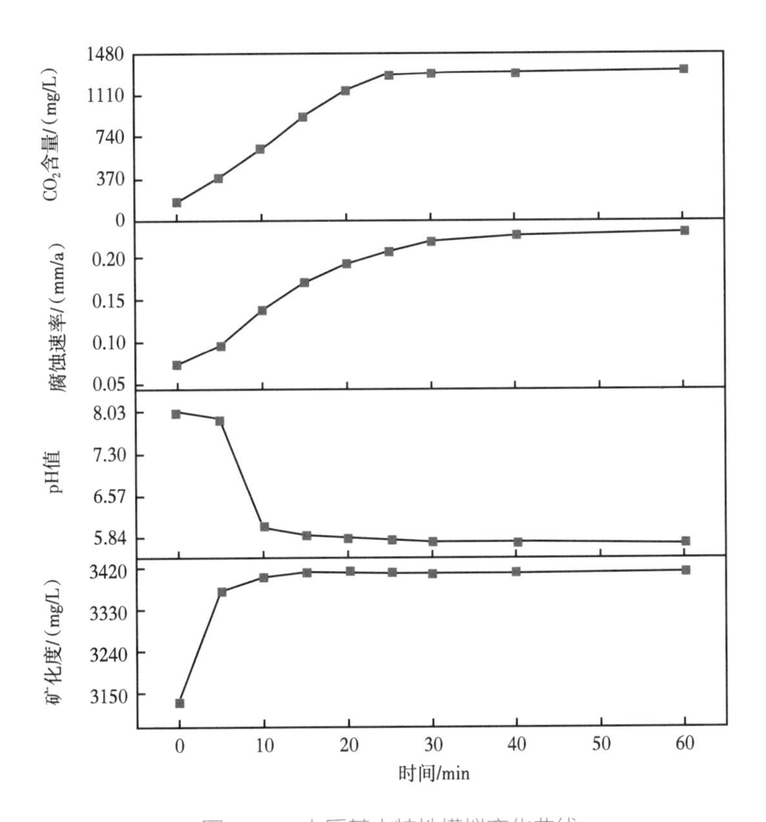

图 1-18　水质基本特性模拟变化曲线

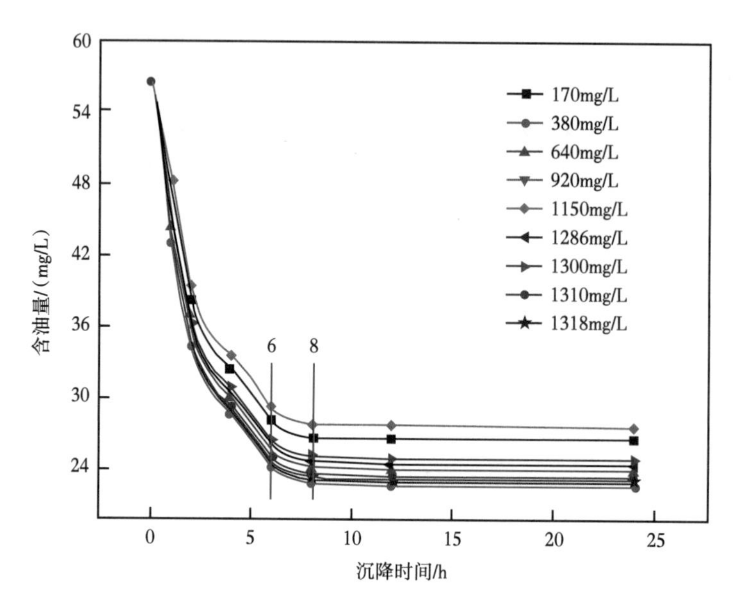

图 1-19　油水分离特性模拟变化曲线

从图 1-18 和图 1-19 中可以看出，典型 CO_2 驱采出水中 CO_2 含量逐渐上升达到饱和后保持稳定，pH 值逐渐降低（最低可达 5.82），矿化度为 3000~4000mg/L，不同 CO_2 含量下采出水油水分离沉降时间为 6~8h，但 CO_2 对水质腐蚀性影响较强，腐蚀速率最高可达 0.224mm/a，远高于某油田特低渗透注水水质指标 0.076mm/a。原因在于 CO_2 对水质腐蚀速率影响机理主要是氢去极化过程，当温度低于 60℃时，采出水中通入 CO_2 后，电离平衡使得 HCO_3^- 含量逐渐升高且 pH 值下降，溶液中的氢离子的去极化作用夺取了 Fe 的电子，使其溶解形成 Fe^{2+}，从而导致了碳钢的设备或管线腐蚀现象加重。

综上所述，典型 CO_2 驱采出水由于存在氢离子去极化过程酸腐性较强，在地面工程实际生产中可能加速管线或设备局部腐蚀穿孔；除 CO_2 外并未引入其他物质，因而水质指标中含油、悬浮物和粒径中值等控制指标并未发生变化。

第四节　二氧化碳驱对地面工程技术的影响

一、二氧化碳相态控制

目前 CO_2 注入气源以液体和气态为主，由 CO_2 物性可知，在液相注入中，

CO_2 气源温度为 -20℃，压力为 2.0MPa，处于饱和态，即压力或温度变化都会造成气液两相发生转移。在实际注入过程中环境温度一般都高于 -20℃，CO_2 泵入口处压力都低于来液管线内压力，这就造成饱和态液相部分气化，造成机泵汽蚀，无法正常生产。因此，设计时要利用有效汽蚀余量与必须汽蚀余量差值去抵消由于温升造成的饱和蒸气压变化，同时还要考虑其他外界干扰，以减少 CO_2 气化造成的设备气蚀和 CO_2 损失。此外，气化 CO_2 用于补充储罐液体出流后造成的压降。

二、二氧化碳计量方式

控制相态是提高计量准确度的手段之一。流量计量设备一般都要求计量匀质介质。但 CO_2 计量过程中，其相态普遍存在液态、气态和超临界态及两相流，同时温度压力的变化也造成 CO_2 密度变化，使计量偏差较大。

三、二氧化碳驱采出液集输分离

CO_2 驱采出流体物性参数，与同地质条件下水驱对比，含水量、气油比、井口出液温度、采出流体的反常点、析蜡点、黏度、胶质含量均发生改变，油水乳化更加严重，油水界面更加稳定。气油比增加，井口采出液受 CO_2 压降影响，井口出液温度低，易产生冻堵，分离计量更加困难，影响采出流体计量精度。采出液黏度增加，分离时易产生泡状物，气中带油，影响分离效果。

四、采出水处理

根据研究结论，注 CO_2 后随 CO_2 分压增加腐蚀速率加剧，最高可达 0.4mm/a。若想处理后达到回注要求的“平均腐蚀率≤ 0.076mm/a”的指标，需要优化调整工艺流程，推荐脱除 CO_2 再对采出水进行处理。

五、二氧化碳回收利用

由于伴生气中 CO_2 含量高，若采取伴生气不回收工艺，会造成大量 CO_2 浪费，且不利于减排，需对伴生气中 CO_2 进行回收循环回注。

六、腐蚀和结垢防治

CO_2 驱地面系统多数是依托已建水驱地面设施基础上建设的，集输、脱水到采出水处理、注水系统均为已建，设备管道基本采用碳钢材质，集输处理温度也在 40~50℃，CO_2 驱采出流体进入水驱系统，处于 CO_2 腐蚀速率较高区域，整个系统重新建设，需要较大的工程投资，如何防止或减缓 CO_2 对已建设施的腐蚀，是亟待解决的一个重要问题。

此外，由于采出水矿化度高、Ca^{2+} 含量高，易结垢。如长庆油田因采出水矿化度高，水型为 $CaCl_2$，注 CO_2 后易于形成 $CaCO_3$ 垢，需开展地面系统结垢防护技术研究。

参考文献

[1] SPAN R, WAGNER W. A New Equation of State for Carbon Dioxide Covering the Fluid Region from the Triple-Point Temperature to 1100 K at Pressures up to 800 MPa [J]. The Journal of Physical Chemistry, 1996, 25 (6): 1509-1596.

[2] 吕家兴，侯磊，吴守志，等 . 含气体杂质超临界 CO_2 管道输送特性研究 [J]. 天然气化工（C1 化学与化工），2020，45（5）：6.

[3] 秦积舜，张可，陈兴隆 . 高含水后 CO_2 驱油机理的探讨 [J]. 石油学报，2010，31（5）：4.

第二章　二氧化碳输送技术

CO_2 输送是 CCUS 产业链中连接 CO_2 捕集与封存利用之间的关键环节，大多数情况下，CO_2 排放源与 CO_2 驱油气田之间距离很远，虽然部分油气田能够满足 CO_2 驱油与埋存的效果，但其地理分布相对受限，运输成本较高，所以 CO_2 运输效率和成本将直接影响 CCUS 整体规模和经济效益。本章通过介绍不同相态输送工艺技术，结合计算公式和案例分析，提出优化方案设计模型。

第一节　常用输送方法

CO_2 商业化运输主要有三种途径：槽车、航运和管道。在管道输送条件下 CO_2 可为气态、液态和超临界态，需要根据 CO_2 气源、注入或封存场所实际情况优化确定采用何种输送方式和相态控制措施最经济。CO_2 驱提高石油采收率（CCUS-EOR）项目注气是连续的，而车、船运输却是周期性的，且需要临时储存，因此管道是长距离大规模输送 CO_2 最经济的运输方式。

目前国内已开展的 CCUS 项目碳源供给主要以车载运输为主，运输成本为 0.8~1 元 /（t·km），欧美则普遍采用超临界 CO_2 管道输送，运输成本可低至 0.05 美元 /（t·km）。单管最大设计输量达 1930×10^4t/a，最大设计管径为 DN750mm。国内已建 CO_2 管道均为气相输送，例如，中国石化胜利油田已建成全长 109km，年输量为 170×10^4t 的 CO_2 长输管线，计划 2023 年投产运行。

第二节　国内外输送工程案例和标准

CO_2 管道输送系统类似于天然气和石油制品输送系统，包括管道、中间加压站及其辅助设备。由于 CO_2 临界参数较低，其输送可通过气态、液态和超临界态三种相态实现。气态 CO_2 在管道内的最佳流态处于阻力平方区，液态与超临界态则在水力光滑区。相对输送介质天然气和水，CO_2 在高压下密度大、黏度小，当管输压力在 8MPa 以上时，可保持较高的 CO_2 输送效率，从而降低管径，提高输量，对杂质要求不高，管线不需保温，因此超临界态输送从经济和技术两方面都明显优于气态输送和液态输送。针对地层注入压力低的油藏，超临界态输送可保持管道末端高压，无须增设末端增压设备，使 CO_2 直接注入地层。但是，采用何种输送方式最经济，需根据工程项目的 CO_2 气源、注入或封存场所的实际情况优化而定[1]。

一、国外二氧化碳管道输送工程案例和标准

1. 国外二氧化碳管道建设情况

国外已广泛采用超临界态 CO_2 管道进行长距离、大规模 CO_2 输送，且国外正在积极进行 CCUS 工程项目建设，CO_2 管道的总长度总输量迅速增长。根据国际能源署（IEA）《全球碳捕集与封存现状 2020》报告，世界上在运行 CO_2 管道约有 10000km，其中大部分 CO_2 输送管道位于美国，其余分布于加拿大、挪威、土耳其，已建管道设计压力为 10~20MPa，单管最大设计年输量达 1930×10^4t，最大设计管径 DN750，均采用超临界态进行输送。据估计，到 2050 年，北美的 CO_2 运输管道网络需要从约 8000km 增长到 43000km[2]（表 2-1）。

表 2-1　国外主要 CO_2 管道情况

序号	管线	运营商	长度 / km	管径 / mm	输送规模 / 10^4t/a	相态
1	Cortez	Kinder Morgan	803	750	1930	超临界
2	Sheep Mountain	Oxy Pemian	653	600	1100	超临界
3	Bravo	Oxy Permian	349	500	750	超临界
4	CanyonReef Carriers	Kinder Morgan	272	400	400	超临界
5	Central Basin	Kinder Morgan	181	400	400	超临界
6	Green Pipeline	Denbury resourceresourceresource Resources	502	600	1800	超临界

续表

序号	管线	运营商	长度/km	管径/mm	输送规模/10^4t/a	相态
7	Delta	Denbury Resources	173	600	1100	超临界
8	NEJD	Denbury Resources	293	500	700	超临界
9	GreenCOre	Denbury Resources	368	550	1400	超临界
10	Dakota Gasification	Dakota Gasification	326	350	250	超临界

世界上第一条大型 CO_2 输送管道是位于美国得克萨斯州的 Canyon Reef Carriers 管道，由 SACROC 公司在 1970 年修建。该管道长 352km，输量为 1.2×10^4t/d（约 440×10^4t/a），气源则来自得克萨斯 Val Verde 盆地内的壳牌天然气处理厂。该管道输送相态为超临界态，管线的最低运行压力为 9.6MPa。主干线的 290km 采用了外径为 406.4mm、壁厚为 9.53mm 的管道，其材质为 X65 钢（最小屈服极限为 448MPa）。支线 60km 选用的是外径为 323.85mm、壁厚为 8.74mm 的 X65 钢制管道。整条管线上共设有 6 处压缩机站，总功率达 60MW，其中 1 座压缩机站还建在 SACROC 的分输点上。这些站场并非等距分布，最大的站间距约有 160km。

美国国家能源技术实验室（NETL）2015 年度的资料显示，美国境内 CO_2 输送管道已近 7000km，每年输量 3000×10^4t 以上，且管输的相态多数为超临界态，如美国 Cortze CO_2 管线，全长 808km，输送压力 9.65~17.93MPa，管径 760mm，输送能力 1900×10^4t/a；加拿大 Weyburn 油田 CO_2 来自美国合成燃料厂净化装置的 CO_2，压力达 14.9MPa 超临界态输送，管道长度 300km 以上。Snøhvit 管道是现存唯一的海上输送管道，但是这仅仅只是因为暂无建设更多海上输送管道的需求，而不是因为存在任何技术壁垒。Snøhvit 管道位于巴伦支海下的海底管线全长 153km，从 2008 年 5 月开始，将 CO_2（来自天然气开采）从挪威北部的哈墨弗斯特输送到 Snøhvit 油田。

2. 国外二氧化碳管道标准规范情况

挪威船级社（DNV）针对 CO_2 管道专门编制了设计运行指南 *Design and Operation of Carbon Dioxide Pipelines*，内容涵盖设计、建设、运行、安全及完整性管理等诸多方面，但内容相对简单，均为原则和推荐做法；除此之外，参考石油天然气管道标准和规范指导工程建设运行（表 2-2）。

表 2-2 国外 CO_2 输送管道规范标准

序号	国家	采用标准	标准名称
1	美国	ASMEB31.4	*Pipeline Transportation Systems for Liquids and Slurries*
2	美国	49 CFR-195	*Transportation of Hazardous Liquids by Pipeline*
3	英国	BSEN 14161	*Petroleum and Natural Gas Industries-Pipeline Transportation Systems*
4	英国	BS PD 8010	*Code of Practice for Pipelines*
5	加拿大	CAS Z662-7	*Oil and Gas Pipeline Systems*
6	挪威	DNV GL-RP-F104	*Design and Operation of Carbon Dioxide Pipelines*
7	国际	ISO 27913	*Carbon Dioxide Capture, Transportation and Geological Storage-Pipeline Transportation Systems*
8	国际	ISO 13623	*Petroleum and Natural Gas Industries-Pipeline Transportation Systems*

二、国内二氧化碳管道输送工程案例和标准

1. 国内二氧化碳管道建设情况

我国 CO_2 管道输送技术起步较晚，目前国内已开展的 CCUS 项目主要以车载 CO_2 运输为主，只有少数油田的 CCUS-EOR 项目采用了管道进行 CO_2 输送，且已建的 CO_2 管道均为气相输送，个别油田采用液态短距离管道输送。如

吉林油田在大情字井油田进行 CCUS-EOR 应用中所建的 53km CO_2 气相输送管道、大庆油田在萨南东部 CO_2 驱先导试验中所建的 6.5kmCO_2 气相输送管道。超临界态 CO_2 长距离输送管道在国内属于空白领域。我国主要 CO_2 管道情况见表 2-3。

表 2-3　国内主要 CO_2 管道情况

序号	管输 CO_2 工程项目名称	管道长度 / km	输送规模 / 10^4t/a	输送相态
1	中国石化华东石油局 CO_2 集气管道	52	50	气相
2	中国石油吉林油田 CO_2 输送管道	53	35	气相
3	正理庄油田高 89 块 CO_2 采集处理工程	20	8.7	气相
4	长深 4—黑 59 输 CO_2 管道	8	50	气相
5	徐深 9—树 101 联合站 CO_2 管道	15	10	气相
6	徐深 9—芳 48CO_2 管道	20	4.8	气相

除上述为数不多的 CCUS-EOR 示范项目外，没有真正意义上的 CO_2 长输管道，技术成熟度较低，更没有带干线和支线的管输网络，谈不上源汇匹配和优化，但现有油气管输规模和经验将有助于我国 CO_2 管道建设快速发展。同时更要看到，三大石油公司［中国石油、中国石化（中国石油化工集团有限公司）、中国海油（中国海洋石油集团有限公司）］聚焦“双碳”（碳达峰碳中和）发力，且 EOR 项目方兴未艾，布局形成 CO_2 管输“全国一张网”、实现源汇匹配与优化指日可待。

2. 国内二氧化碳管道标准规范情况

在标准规范方面，我国关于 CO_2 的标准较少，目前仅有 1 项针对 CO_2 输送管道的标准，即《CO_2 输送管道工程设计标准》（SH/T 3202—2018）。该标准对

CO_2 输送工艺、线路、站场、管道及其附件的设计、辅助系统、焊接与检验、清管与试压、干燥等方面进行了原则性规定和说明。在 CO_2 管道流动保障方面，刘敏、李玉星应用 HYSYS、PIPEPHASE、OLGA 等仿真软件对含杂质 CO_2 长输管道进行了稳态计算，对不同杂质含量及地形变化等开展了 CO_2 管道输送影响分析；李顺丽、陈兵等应用 OLGA 软件对纯 CO_2 管道放空过程、停输过程进行了动态模拟分析。由于目前没有适用于含杂质 CO_2 瞬态计算的仿真软件，尚未针对含杂质 CO_2 管道瞬态过程进行流动保障分析，且国内尚无长距离超临界 CO_2 管道建成，流动保障分析停留在理论阶段，尚缺少超临界 CO_2 管道流动保障经验。

第三节　二氧化碳管道输送工艺设计

CO_2 输送管道的工艺计算可参照油气管道的计算方法，一般气相 CO_2 在管道内的最佳流态处于阻力平方区，而液态与超临界 CO_2 则在水力光滑区。应注意的是，按照国外已有经验，对于气相 CO_2 管道，一般要求管道内最大压力不超过 4.8MPa，对于超临界 CO_2 管道，一般要求管道内最小压力不低于 9.6MPa。

一、不同相态输送工艺流程

由于 CO_2 的物理性质，其通常可以由气态、液态、密相态及超临界态四种相态来进行输送。

1. 气相二氧化碳输送流程

输送过程中 CO_2 在管道内保持气相状态，通过压缩机压缩升高输送压力（图 2-1）。对于 CO_2 气井，其开采出的气体多处于超临界状态，在进入管道之前一般需要对其进行节流降压，以符合管输要求。同样在对 CO_2 气体增压时，压力不可过高，以免超过其临界压力，进入超临界态，例如美国的 SACROC CO_2 管道，在设计的备选方案中规定，低压气相管道的最高运行压力不得超过 4.8MPa。

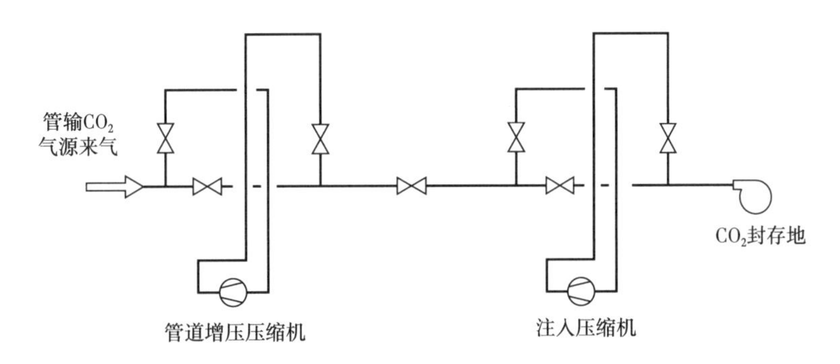

图 2-1 气态 CO_2 管道输送流程

2. 超临界二氧化碳输送流程

气相 CO_2 通过压缩机压缩升高至输送压力，输送过程中 CO_2 在管道内保持超临界状态（温度、压力均高于临界值），中途采用压缩机增压时，必须将管道内的 CO_2 从稠密蒸气状态（dense vapor phase）转化为超临界态，方可进入压缩机（图 2-2）。再汽化是通过换热器对 CO_2 升温实现的。与气态输送不同，超临界输送需要设定最低运行压力以保持其密相态。

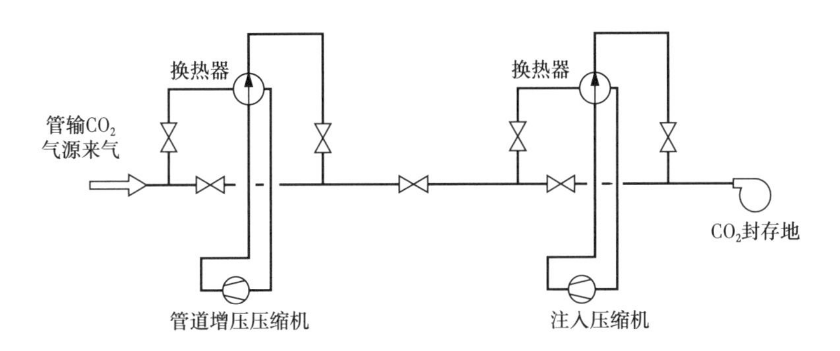

图 2-2 超临界态 CO_2 管道输送流程

现今国外已存在的大型 CO_2 长输管道都是按密相和超临界相设计的，压力都在 7.38MPa 以上，管道入口温度一般为超临界态，受环境温度影响，长输管道末端介质温度降至环境温度，一般处于密相态。与天然气、水输送相比，此压力下的 CO_2 具有较大的密度，较小的黏度，一般不设中间增压站，可有效降低工程建设投资，减少管理难度和运行能耗。

控制管道输送温度会增加能量消耗，因此不控制管道输送温度，让其随环境温度变化。通过控制管道最不利点压力高于其临界压力，使输送中的CO_2保持单一相态，避免CO_2相态突变。

例如美国的SACROC CO_2管道，在设计的备选方案中规定，超临界态CO_2管道输送的最低运行压力不得低于9.6MPa。

3. 液相二氧化碳输送流程

输送过程中CO_2在管道内保持液相状态，通过泵送升高输送压力以克服沿程摩阻与地形高差（图2-3）。通常，要获得液态CO_2，需要对其进行冷却，最为常见的方法是利用井口气源自身的压力能进行节流制冷。为了保护增压泵，必须保证CO_2在进入之前，已转化为液态，同时在泵送增压之后，也有必要设置换热器冷却CO_2。

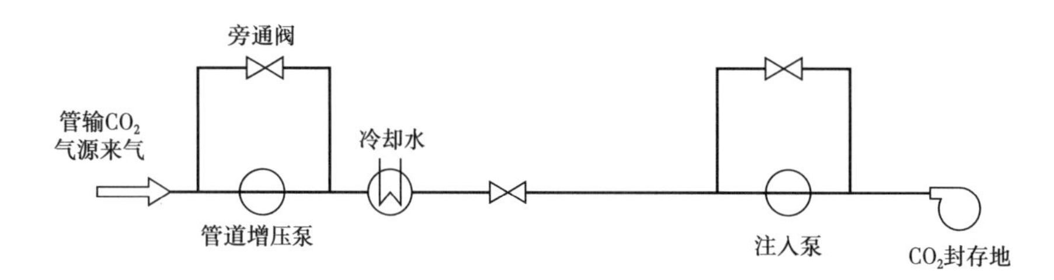

图2-3　液态CO_2管道输送流程

二、二氧化碳管道输送计算

通过多年的理论研究及实践经验总结，典型CO_2管道工程需要考虑以下几个方面[3]：

（1）工作压力；

（2）操作温度；

（3）气体混合物组成；

（4）腐蚀性；

（5）环境温度；

（6）管道控制（SCADA系统）。

在具体方案设计中，CO_2 管道设计还需要考虑：压力变化对冷凝效果的影响；CO_2 脱水深度的要求；管线经过的地形；阀门材料；压缩机、密封件及辅助材料；尽量减少流动瞬变的要求和管道破损后对人体健康造成影响为重点的风险评估。

1. 二氧化碳管道摩阻计算公式

对于 CO_2 输送管道输送成本估算模型来说，管径的计算是必不可少的。而管道输送性能和 CO_2 流体的物性参数，如流量、单位管长压降、密度、黏度、管壁粗糙度、高程差等，决定了满足输送要求的管径尺寸。

现有的关于 CO_2 管道输送成本的文献中，计算水力摩阻系数 λ 的公式很多，提到的管径计算方法可分为两大类：一是采用基于圆形管道紊流流动水力规律计算公式，二是采用基于最优化设计的与经济性相关的计算公式。大多数学者采用第一种方法计算管径，而且随着研究的深入，对公式中涉及的参数考虑得越来越全面。

1）层流

$$\lambda = \frac{64}{Re} \tag{2-1}$$

2）光滑区

$$\lambda = \frac{0.1844}{Re^{0.2}} \tag{2-2}$$

3）混合摩擦区

$$\lambda = 0.067\left(\frac{158}{Re} + \frac{2e}{D}\right)^{0.2} \tag{2-3}$$

式中 D——管径，m；

e——管内壁粗糙度，m。

4）阻力平方区

（1）威莫斯（Weymouth）公式：

$$\lambda = \frac{0.009407}{\sqrt[3]{D}} \tag{2-4}$$

（2）潘汉德尔（Panhandle）A 式：

$$\lambda = \frac{1}{11.81 Re^{0.1461}} \tag{2-5}$$

（3）潘汉德尔（Panhandle）B 式：

$$\lambda = \frac{1}{68.1 Re^{0.0392}} \tag{2-6}$$

（4）全苏天然气研究所（ВНИИГАЗ）早期公式：

$$\lambda = \frac{0.383}{\left(\frac{D}{2e}\right)^{0.4}} \tag{2-7}$$

该式主要适合管内壁粗糙度较大（e =0.04mm 左右）的高雷诺数情况。

（5）全苏天然气研究所（ВНИИГАЗ）晚期公式：

$$\lambda = 0.067\left(\frac{2e}{D}\right)^{0.2} \tag{2-8}$$

（6）普朗特—卡门公式：

$$\frac{1}{\sqrt{\lambda}} = 2.0\lg(Re \cdot \lambda) - 0.8 \tag{2-9}$$

（7）柯尔布鲁克—怀特公式：

$$\frac{1}{\sqrt{\lambda}} = -2.0\lg\left(\frac{e}{3.71D} + \frac{2.51}{Re\sqrt{\lambda}}\right) \tag{2-10}$$

（8）米勒公式：

$$\frac{1}{\sqrt{\lambda}} = 1.8\lg\left(\frac{D}{2e}\right) - 1.53 \tag{2-11}$$

2. 管道非管元件基本方程

1）压缩机模型

在等温压缩过程中，CO_2、高含 CO_2 天然气经过离心压缩机，压缩比方程为：

$$\varepsilon=\frac{p_2}{p_1}=\frac{V_1}{V_2} \tag{2-12}$$

式中 ε——压缩机压比；

p_2——压缩机出口压力，Pa；

p_1——压缩机进口压力，Pa；

V_1——吸入状态下体积流量，m^3/s；

V_2——排出状态下体积流量，m^3/s。

若已知压缩比，可只给出 a_1，令 a_2、a_3、a_4 为 0。

CO_2、高含 CO_2 天然气经过往复式压缩机时，功率方程为：

$$N=\frac{1}{1000}\frac{k}{k-1}p_1V_1\left(\varepsilon^{\frac{k-1}{k}}-1\right)\frac{Z_1+Z_2}{2Z_1}\frac{1}{\eta\eta_g} \tag{2-13}$$

式中 N——压缩机实际功率，kW；

k——气体绝热指数；

Z_1——压缩机进气条件下气体压缩因子；

Z_2——压缩机排出条件下气体压缩因子；

η——压缩机效率；

η_g——压缩机机械效率；

其中 $$\eta=b_1+b_2Q_1\left(\frac{n}{n_0}\right)+b_3Q_1^2\left(\frac{n}{n_0}\right)^2+b_4Q_1^3\left(\frac{n}{n_0}\right)^3 \tag{2-14}$$

式中 Q_1——入口状态下输量，m^3/min。

若将 η_g 视为常数，可只给定 b_1，令 b_2、b_3、b_4 为 0，也可令 b_1=1，b_2、b_3、b_4 为 0，其总效率由 η_g 给出。

2）阀门、阻力件模型

$$M=K\left|p_1^2-p_2^2\right| \tag{2-15}$$

式中 M——经过阀门（阻力件）的气体流量，kg/s；

p_1——经过阀门（阻力件）上端压力，Pa；

p_2——经过阀门（阻力件）下端压力，Pa；

K——阀门（阻力件）系数，kg/（$Pa^2 \cdot s$）。

3. 二氧化碳管道输送计算仿真软件

在管道水力热力计算及仿真软件方面，Schlumberger 公司开发了 Pipesim 和 OLGA 软件，施耐德公司开发了 Pipephase 软件，AspenTech 公司开发了 HYSYS 软件。其中，Pipesim、Pipephase 及 OLGA 可用于含杂质 CO_2 输送管道的稳态计算，OLGA 可用于纯组分 CO_2 管道稳态和瞬态计算。Aspen HYSYS 工艺过程模拟软件对于 CO_2 长输管道及泵站、站内管网、工艺流程等进行模拟，分析其物性，可以合理地分析 CO_2 相态图，进行物性的基础研究和工艺设计。由于 CO_2 相态变化较快，考虑含杂质且耦合快速相态变化的水力、热力数学模型及数值计算较为困难，目前尚无适用于含杂质 CO_2 输送管道瞬态计算软件。

国内方面，郑建国、宋飞等针对油气管道进行了单相或多相流动计算模型和计算方法研究，形成了 REALPIPE 等适用于油气管道的仿真软件；刘敏、李玉星等对超临界 CO_2 输送管道输送稳态水力计算模型进行研究；国内目前尚无含杂质超临界 CO_2 输送管道瞬态计算模型研究，尚未针对含杂质超临界态 CO_2 输送管道进行仿真软件开发。

三、气相二氧化碳管道工艺计算

1. 气相管道水力计算

气相输送 CO_2 时，管道的水力可参照天然气输送管道的计算公式，因此雷诺数可按式（2-16）计算：

$$Re = \frac{4}{\pi}\frac{Q\Delta\rho_a}{D\mu} = 1.536\frac{Q\Delta}{D\mu} \tag{2-16}$$

式中 Q——输气管道的体积流量，m^3/s；

ρ_a——空气在标况下的密度（标况下：$\rho_a = 1.206kg/m^3$）；

μ——气体的动力黏度，$Pa \cdot s$；

Δ——气体的相对密度；

D——管道内径，m。

实际管道中气体的流态大多处于阻力平方区，在计算水力摩阻系数时，可使用苏联天然气研究所得出的公式：

$$\lambda = 0.067\left(\frac{2k}{D}\right)^2 \tag{2-17}$$

对于新建成的管道，取管壁的当量粗糙度 k=0.03mm，代入式（2-17）有：

$$\lambda = \frac{0.03817}{D^{0.2}} \tag{2-18}$$

式中　D——管道内径，mm。

平坦地区与起伏地区输气管道的基本公式分别为：

$$Q = C\sqrt{\frac{\left(p_Q^2 - p_Z^2\right)D^5}{\lambda Z \Delta T L}} \tag{2-19}$$

$$Q = C\left\{\frac{\left[p_Q^2 - p_Z^2\left(1 + a\Delta S\right)\right]D^5}{\lambda Z \Delta T L\left[1 + \frac{a}{2L}\sum_{i=1}^{n}\left(S_i + S_{i-1}\right)L_i\right]}\right\}^{0.5} \tag{2-20}$$

式中　p_Q——输气管道计算段起点压力或上一压缩机站的出站压力，Pa；

p_Z——输气管道计算段终点压力或下一压缩机站的进站压力，Pa；

Δ——气体的相对密度；

T——管道的运行温度，K；

D——管道内径，m；

L——输气管道计算段的长度或压缩机站间距，m；

S_i——管路沿线高程，m；

ΔS——管路起终点高程差，m；

C——常数。

将式（2-18）代入式（2-19）、式（2-20）则可得到用于水力计算的苏联近期公式：

$$Q=C_5\alpha\varphi ED^{2.6}\left\{\frac{\left(p_Q^2-p_Z^2\right)D^5}{Z\Delta TL}\right\}^{0.5} \tag{2-21}$$

$$Q=C_5\alpha\varphi ED^{2.6}\left\{\frac{\left[p_Q^2-p_Z^2\left(1+a\Delta S\right)\right]}{Z\Delta TL\left[1+\frac{a}{2L}\sum_{i=1}^{n}\left(S_i+S_{i-1}\right)L_i\right]}\right\}^{0.5} \tag{2-22}$$

式中 C_5——常数，由标准单位计算得 0.3930；

α——流态修正系数，流态处于阻力平方区时为 1；

φ——垫环修正系数，无垫环时取 1；

E——管道效率系数，在我国输气管道设计中 DN 为 300~800 时，E=0.8~0.9，DN ＞ 899 时，E=0.91~0.94。

管道沿线压力分布计算公式为：

$$p_x=\sqrt{p_Q^2-\left(p_Q^2-p_Z^2\right)\frac{x}{L}} \tag{2-23}$$

式中 x——管段上任意一点至起点的距离，m；

p_x——管段上任意一点的压力，Pa。

管道平均压力计算公式为：

$$p_{cp}=\frac{2}{3}\left(p_Q+\frac{p_Z^2}{p_Q+p_Z}\right) \tag{2-24}$$

式中 p_{cp}——管道平均压力，Pa。

2. 气相管道热力计算

对气相输送管道进行热力计算，主要是判断在管道中是否存在着相态的变化，是否需要为管道敷设保温层。考虑到气体的焦耳—汤姆逊效应，并认为压力沿管长 x 为近似线性分布，即 $\frac{\mathrm{d}p}{\mathrm{d}x}=-\left(p_Q-p_Z\right)/L$，其中，$L$ 为管道长度，管道的温降计算公式为：

$$T = T_0 + \left(T_Q - T_0\right)e^{-ax} + D_i \frac{p_Q - p_Z}{aL}\left(1 - e^{-ax}\right) \tag{2-25}$$

式中　T_Q——流体的温度，K；

T_0——管道埋深处的地温，K；

p_Q——管道起点压力，Pa；

p_Z——管道终点压力，Pa；

D_i——焦耳—汤姆逊系数，K/Pa。

管道平均温度计算公式为：

$$T_{cp} = T_0 + \left(T_Q - T_0\right)\frac{1 - e^{-aL}}{aL} - D_i \frac{p_Q - p_Z}{aL}\left[1 - \frac{1}{aL}\left(1 - e^{-aL}\right)\right] \tag{2-26}$$

其中，a 是为了简化公式而设定，其表达式为：

$$a = \frac{K\pi D}{Mc_p} = \frac{K\pi D}{Q\rho c_p} \tag{2-27}$$

式中　K——管道的总传热系数，W/（$m^2 \cdot K$）；

D——管道的内径，m；

M——流体的质量流量，kg/m^3；

Q——流体的体积流量，m^3/s；

ρ——流体密度，kg/m^3；

c_p——流体的比定压热容，J/（$kg \cdot K$）。

对埋地输气管道而言，传热共分三个部分，即气体至管壁的放热，管壁、绝缘层、防腐层等 n 层的传热，管道至土壤的传热。故总传热系数 K 的计算式为：

$$\frac{1}{KD} = \frac{1}{\alpha_1 D_n} + \sum_{i=1}^{n} \frac{1}{2\lambda_i} \ln\frac{D_{i+1}}{D_i} + \frac{1}{\alpha_2 D_w} \tag{2-28}$$

式中　α_1——气体至管内壁的放热系数，W/（$m^2 \cdot K$）；

α_2——管道外壁至周围介质的放热系数，W/（$m^2 \cdot K$）；

λ_i——第 i 层（管壁、防护层、绝缘层）导热系数，W/（m·K）；

D_n——管道内径，m；

D_w——管道最外层外径，m；

D_i——管道上第 i 层（管壁、防护层、绝缘层等）的外径，m；

D——确定总传热系数的计算管径（当 $\alpha_1 > \alpha_2$ 时，D 取外径；当 $\alpha_1 \approx \alpha_2$ 时，D 取平均值，即内外径和的一半；当 $\alpha_1 \ll \alpha_2$，D 取内径），m。

对于较大直径的管道，可近似认为：

$$\frac{1}{K}=\frac{1}{\alpha_1}+\sum_{i=1}^{n}\frac{\delta_i}{\lambda_i}+\frac{1}{\alpha_2} \tag{2-29}$$

式中 δ_i——第 i 层管壁、防护层、绝缘层等的厚度，m。

管壁的热包括钢管、沥青绝缘层、防护层、保温层等的导热。钢材的导热能力很强，其导热系数达 46.50W/（m·K），故可忽略钢管壁的热阻。

气体至管内壁的放热系数 α_1 可按下式计算：

$$\alpha_1=\frac{Nu\lambda}{D_1} \tag{2-30}$$

$$Nu=0.021Re^{0.8}Pr^{0.43} \tag{2-31}$$

$$Pr=\frac{\mu c_p}{\lambda} \tag{2-32}$$

式中 Nu——努谢尔特准数；

λ——气体导热系数，W/（m·K）；

Re——雷诺数；

Pr——普朗特数；

μ——气体的动力黏度，Pa·s；

c_p——气体比定压热容，J/（kg·K）。

传热学中将埋地管路的稳定传热过程简化为半无限大均匀介质中连续作用的线热源的热传导问题，并假设起始的均匀的土壤温度及后来任一时刻土壤的

表面温度都是 T_0，土壤至空气的放热系数趋近于无穷大，如图 2-4 所示。

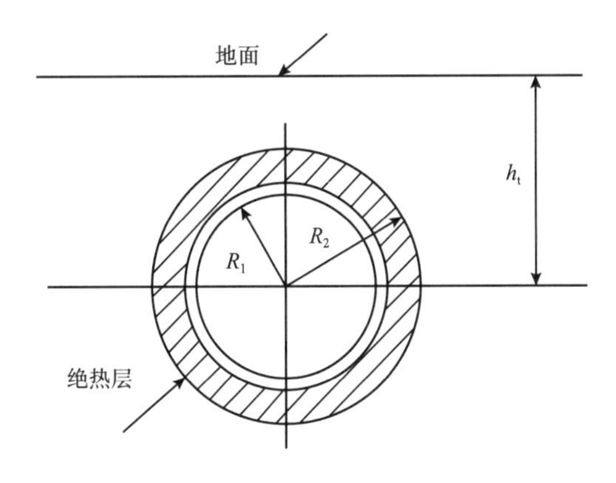

图 2-4　CO_2 埋地管道

在上述假设的基础上，可得管壁至土壤的表面传热系数 α_2 的计算公式为：

$$\alpha_2=\frac{2\lambda_t}{D_w\ln\left\{\frac{2h_t}{D_w}+\sqrt{\left(\frac{2h_t}{D_w}\right)^2-1}\right\}} \tag{2-33}$$

式中　h_t——管道中心埋深，m；

λ_t——土壤的导热系数，W/（m·K）。

当管道中心埋深与其直径之间存在着（h_t/D_{n+1}）＞ 2 的关系时，外部放热系数 α_2 的计算公式可简化为：

$$\alpha_2=\frac{2\lambda_t}{D_{n+1}\ln\frac{4h_t}{D_{n+1}}} \tag{2-34}$$

四、液相二氧化碳管道设计计算

1. 液相管道水力计算

液态输送管道的水力计算与输油管道相类似，其压力能的消耗主要包括两个部分：其一是用于克服地形高差所需的位能；其二是克服 CO_2 液体沿管路流动过程中的摩擦及撞击产生的能量损失。因此管道的总压降中既包括摩阻损失，还要考虑起点至终点的高程差，其基础计算式为：

$$H = h_l + \sum_{i=1}^{n} h_{mi} + \left(Z_Z - Z_Q\right) \tag{2-35}$$

式中 Z_Z-Z_Q——管道终点与起点的高程差，m；

h_l——管道沿程摩阻损失，m；

$\sum_{i=1}^{n} h_{mi}$——各站的站内摩阻之和，m。

对于液态 CO_2 输送管道，最经济的流态是在水力光滑区，因此摩阻损失可由列宾宗公式计算[4]：

$$h_l = \beta \frac{Q^{2-m} \cdot \nu^m}{d^{5-m}} \cdot L \tag{2-36}$$

式中 Q——管路中流体的体积流量，m^3/s；

ν——流体的运动黏度，m^2/s；

d——管道内径，m；

L——管线长度，m；

m，β——中间常数，见表 2-4。

表 2-4 不同流态下的 m、β 值

流态		m	β/（s^2/m）	h/（mH_2O）
层流		1	4.15	$h_l = 4.15\frac{Q\nu}{d^4}L$
紊流	水力光滑区	0.25	0.0246	$h_l = 0.0246\frac{Q^{1.75} \cdot \nu^{0.25}}{d^{4.75}}L$
	混合摩擦区	0.123	0.0802A	$h_l = 0.0802A\frac{Q^{1.877} \cdot \nu^{0.123}}{d^{4.877}}L$，$A = 10^{0.127\lg\frac{e}{d}-0.627}$
	粗糙区	0	0.0826λ	$h_l = 0.0826\lambda\frac{Q^2}{d^5}L$，$\lambda = 0.11\left(\frac{e}{d}\right)^{0.25}$

在计算黏度时，根据本文之前对液态 CO_2 黏度的讨论可知，在液相管道管输压力变化范围内，介质黏度的变化很小，可认为其不随压力变化而改变。且 CO_2 的黏温曲线也很平缓，可用平均温度下的黏度作为整条管线的计算黏度值。对于长输管道，通常来说，局部摩阻只占管道总摩阻损失的很小一部分，所以在设计中按照经验可以取 $h_\xi=(1\%\sim5\%)\ h_1$。

2. 液相管道热力计算

对液态输送管道进行热力计算，同样是判断管内是否存在相态变化。在计算管道沿线温降时，采用式 (2-37)：

$$T_L=(T_0+b)-[(T_0+b)-T_R]e^{-aL} \tag{2-37}$$

其中

$$a=\frac{K\pi D}{Mc_p}$$

$$b=\frac{giM}{K\pi D}$$

式中 T_L——距计算起点 L 处的流体温度，K；

a，b——参数；

K——管道总传热系数，W/（$m^2\cdot K$）；

M——流体质量流量，kg/s；

c_p——平均温度下 CO_2 的比定压热容，J/（kg·K）；

D——管道外径，m；

i——流体水力坡降；

g——重力加速度，m/s^2；

T_0——周围介质温度，其中，埋地管道取管中心埋深处自然地温，K；

T_R——管道起点处的流体温度，K；

L——管道降温输送的距离，m。

式中管道总传热系数 K 的计算式与气态管道热力计算公式相同。考虑到管道内介质由气体变为液体，管内流态多处在水力光滑区，因此气体至管内壁的放热系数 α_1 可按下式计算[5]：

$$\alpha_1 = 0.021\frac{\lambda_y}{D_1}Re_y^{0.8}Pr_y^{0.44}\left(\frac{Pr_y}{Pr_b}\right)^{0.25} \tag{2-38}$$

$$Re = \frac{vd}{\nu} = \frac{4Q}{\pi d\nu} \tag{2-39}$$

$$Pr = \frac{\nu\rho c_p}{\lambda} \tag{2-40}$$

式中，角标 y 表示各参数取自流体的平均温度，角标 b 表示各参数取自管壁的平均温度。由实际计算结果可知，紊流状态下的 α_1 很大，因此其对总传热系数的影响很小，可以忽略。

外部放热系数 α_2 可以参照气相管道相关计算公式。由于钢材的导热能力很强，故可忽略钢管壁的导热热阻。对有无保温层的管路，则在热力计算时，只考虑绝缘层的传热和管道至土壤的放热。

五、超临界二氧化碳管道设计计算

1. 超临界态管道水力计算

以超临界状态输送的 CO_2 始终保持在致密的蒸气状态（dense vapor phase），其密度接近于液体，黏度却与气体相近。文献［6］提出了超临界态管道水力计算的方法，对管道的摩阻损失同样使用达西公式。其具体公式与计算方法与液态管道水力计算相同，此处不再赘述。

2. 超临界态管道热力计算

在设计超临界态输送管道时，热力计算部分与液态管道基本相同，但是由于在临界点附近，CO_2 热物理参数随温度的变化非常剧烈，尤其是在准临界点附近（在给定压力下，比热容达到最大值时所对应的温度），如图 2-5 和图 2-6 所示[7]，因此在管道设计时，应该尽量避免管道在准临界点附近运行。

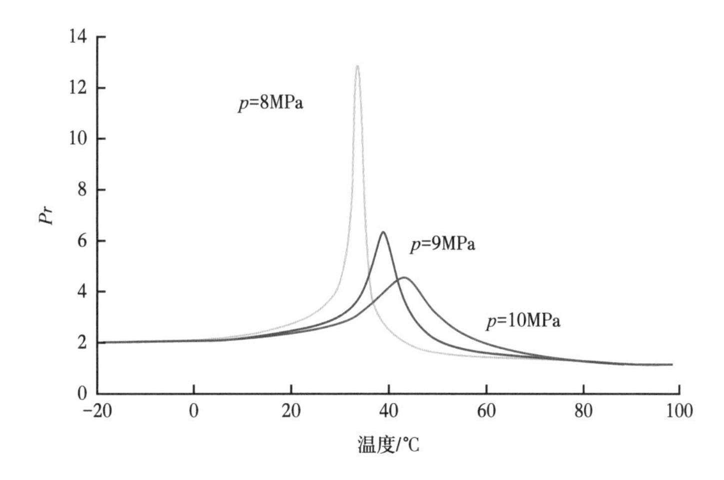

图 2-5　超临界压力下普朗特数随温度的变化

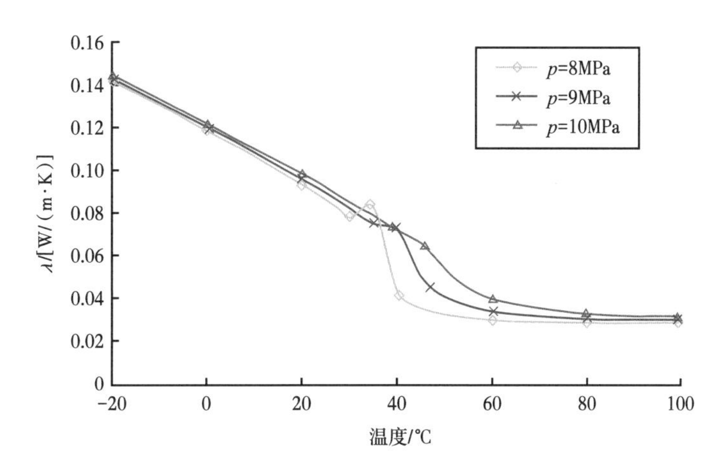

图 2-6　超临界压力下导热系数随温度的变化

由于超临界状态的特殊性，其内壁放热系数 α_1 中的各项准数在计算中有较大变动。在总结前人提出的相关经验公式的基础上，对水平管道内超临界 CO_2 的传热进行了实验测定，并对其换热相关的准数关联式进行了结果对比和评价，得出了当压力在 7.4~8.5MPa 之间，CO_2 温度在 22~53℃，质量流速在 113.7~418.6kg/（m^2·s），表面热通量在 0.8~9kW/m^2 时，小管径水平管中超临界 CO_2 的努谢尔特数计算式为：

$$Nu = 0.022186 Re_{y}^{0.8} Pr_{y}^{0.3} \left(\frac{\rho_{y}}{\rho_{b}} \right)^{-1.4652} \left(\frac{\bar{c}_{p}}{c_{p,b}} \right)^{0.0832} \tag{2-41}$$

$$\bar{c}_{p} = \frac{h_{y} - h_{b}}{T_{y} - T_{b}} \tag{2-42}$$

式中，角标 y 表示各参数取自流体的平均温度，角标 b 表示各参数取自管壁的平均温度。

总的来说，超临界 CO_2 的热力计算是十分复杂的，上述公式的适用条件也比较苛刻，若管径较大或管道需经过起伏较大的地区，计算的精度就不能保证。由于在实际计算时，紊流状态下 α_1 对总传热系数的影响很小，所以可以忽略。同样，钢管壁导热热阻很小，也可忽略不计[8]。由图 2-5 和图 2-6 可知，在热力计算时，普朗特数和导热系数在准临界温度附近变化十分剧烈，而当压力在 10.0MPa 以上时，物性变化则趋于缓和。实际上，即使压力在 10.0MPa 以上，以现有公式对管外壁放热系数 α_2 进行计算仍然存在较大误差。在设计输油管道时，常采用反算法确定管道的总传热系数 K。即将已投产热油管道稳定运行工况下的参数反带回温降公式，求出 K 值。对计算出的 K 值进行分析和归纳，总结出不同环境条件下 K 的取值范围。设计新管道的时候，只需从取值范围中任取一个数，并做适当加大即可。对于超临界 CO_2 输送管道而言，也可在大量的实践中总结出适用的数值。

六、二氧化碳管道输送优化设计模型

1. 研究方法

CO_2 输送管道的输送方式，可以有多种设计方案，不同的方案对应着不同的管径、壁厚、保温层及温度、压力等参数，所对应的投资也不一样，如何实现设计方案的最优即投资最少，是方案比选的重要问题。

通常情况，实现一定量的 CO_2 的输送，可以采用气态、液态、超临界态的方式，不同的输送方式所产生的费用不同，有必要建立相应的评价模型，评价优选输送方式。需要考虑如下问题：考虑 CO_2 输送管道的管材型号、管径、壁厚、保温层，同时考虑压气站（泵站）数、站间距、进出站压力、温度、压缩机（泵）组合及地形、气候等条件，以管道设计施工投资费用最小为目标，结合管道的强度约束、水力约束、能量约束、边界约束等约束条件，建立 CO_2 输送管道优化设计数学模型，研究最佳设计方案。

2. 模型设计

在调研国内外主要管材、压缩机、泵等设备的经济指标基础上，建立模型。结合目标函数、约束条件，采用方案比选法可以确定最优的设计方案（图 2-7）。

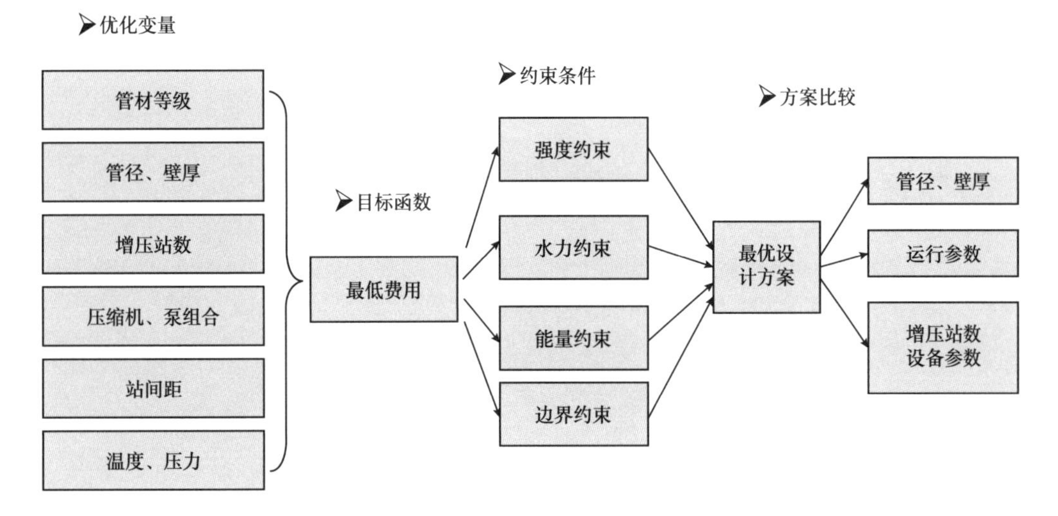

图 2-7　CO_2 管道输送优化设计模型

参考文献

[1] 王世刚，孙锐艳，张浩男，等．二氧化碳管道输送技术研究及应用 [J]. 油气田地面工程，2013，32（11）：3.

[2] John FRIEDMANN J，Aelx ZAPANTIS A，PAGE B. 净零目标与返回地球：为 2030 年及以后立即行动 [R]. 全球能源政策中心，2020.

[3] 杜磊，湛哲，徐发龙，等．大规模管道长输 CO_2 技术发展现状 [J]. 油气储运，2010，29（2）：86-92.

[4] 袁恩熙．工程流体力学 [M]. 北京：石油工业出版社，2008.

[5] 陈丰民．采油五厂埋地集输管道保温技术研究 [D]. 大庆：大庆石油学院，2003.

[6] MARVIN N，SWINK. CO_2 pipeline design detailed [J]. Oil & Gas Journal，1982（4）：117-119.

[7] 侯光武，丁信伟，陈彦泽，等. 超临界二氧化碳传热特性的研究 [J]. 化工装备技术，2006，27（1）：25-19.

[8] HUAI X L，KOYAMA S，ZHAO T S，An experimental study of flowand heat transfer of supercritical carbon dioxide in multi-port mini channels under cooling conditions [J]. Chemical Engineering Science. 2005，60：3337-3345.

第三章　二氧化碳注入技术

CO_2 注入应结合油藏压力和注入要求，与输送相态结合，因地制宜，可采用超临界态、密相态和液态注入。液相 CO_2 采用柱塞泵进行注入；气相 CO_2 多数采用超临界往复式压缩机进行注入或根据生产实际液化后注入；密相 CO_2 则可以采用改进的柱塞泵、离心泵和隔膜泵进行注入。

采用何种注入工艺技术，应根据区块的气象条件、气源条件、注入压力、注入规模等综合分析比较确定。本章根据注入相态不同，结合现场实际案例，举例介绍不同注入技术方案设计要求。

第一节　国内外注入技术

一、国内注入技术

目前，国内开展过 CO_2 驱试验的油田主要有中国石油的大庆萨南油田、海拉尔油田和榆树林油田，吉林大情字井油田，长庆姬塬油田，以及中国石化的苏北草舍油田，胜利纯梁油田和腰英台油田等，其中中国石油的相关 CO_2 驱试验区正在进行工业化推广。

1. 吉林油田注入技术

吉林油田 CO_2 驱经历了前期试验、黑 59 先导试验、黑 79 扩大试验和黑 46 推广试验四个阶段。前期试验阶段在吉林油田多个区块进行，采用小站注入工艺。先导试验阶段是 2008 年 10 月建成投运的黑 59 CO_2 驱先导试验站，扩大试验阶段是 2010 年 4 月投产试注的黑 79 CO_2 驱扩大试验站，工业化推广阶段是 2014 年 9 月投注的黑 46 超临界注入站。截至 2022 年底，吉林油田在用 CO_2 注入站场 3 座，注入井 88 口，设计注入规模 70×10^4t/a，2022 年注入量达到 43×10^4t，累计

注入 CO_2 量超过 260×10^4t，封存 CO_2 量相当于植树近 2500 万棵。

1）黑 59 CO_2 驱先导试验

黑 59 CO_2 驱先导试验站采用固定建站，地面工程建成 CO_2 捕集、输送、注入、采出流体集输分离四大系统，形成了完整的密闭循环系统。设计有 6 注 25 采（6 口注入井和 25 口采气井），2008 年 11 月投入试验，是国内首例从气源集气、CO_2 气输送、CO_2 液化注入、采出物气液分离及产出气循环注入地面工程各工艺环节较完整的试验工程。黑 59 CO_2 驱先导试验工程共建有长深 2 CO_2 集气站 1 座，长深 4 CO_2 脱水站（$15\times10^4m^3/d$）1 座，CO_2 液化储存等设施，停产前年注气量为 5.11×10^4t，年产油量为 2.47×10^4t。

（1）液化系统：CO_2 气液化采用氨冷工艺，设计生产能力 300t/d。

（2）注入系统：先期采用液相 CO_2 注入，规模 240t/d；后期完善了伴生气超临界循环注入，试验装置规模为 $5\times10^4m^3/d$。

（3）采出液系统：采出液的集输采用单井—计量间—转油站集油方式，计量间集中油水计量，转油站经计量间至单井供掺水保温。站外集输油管道采用芳胺类玻璃钢管材，掺水管道采用酸酐玻璃钢，井场及站内管道、阀门等根据生产实际选用材质、涂层、缓蚀剂等防腐形式。

2）黑 79 南区块扩大试验

黑 79 南 CO_2 驱扩大试验站采用水气交替的注入方式，18 注 60 采（18 口注入井和 60 口采气井）。平均单井日注 30t 液态 CO_2，井口最大压力不超过 23MPa。试验工程建有黑 79 南注入站 1 座；站外计量及油气分离操作间 5 座，其中 4 座与 CO_2 配注间合建，年注气量为 9.6×10^4t，年产油量为 5.99×10^4t。

（1）注入系统：采用单泵对多井高压液相 CO_2 注入工艺，注入规模 720t/d。

（2）采出液系统：试验区内油井采出液采用小环掺水、串井连接流程进黑 79 试验站，再输至大情字井联合站处理。

3）黑 46 CO_2 驱工业化推广应用试验

黑 46 CO_2 驱工业化推广应用试验区块包括黑 79 北、黑 46、黑 46 北共 3 个区块，共建设注入井 26 口，改造受效油井，区域内有已建油井计量站 20 座，接转站 2 座，新建有黑 46 CO_2 超临界循环注入站 1 座（为国内首座超临界循环注入站场，并建有 $20\times10^4m^3/d$ 产出气处理装置），CO_2 输气干线 26km（从净化厂补充 $50\times10^4m^3/d$ CO_2），是国内首个较大规模 CO_2 驱油工业化推广工程，规划最终建成产能为 $50\times10^4t/a$，目前年注气量为 20.8×10^4t。

黑 46 CO_2 驱工业化推广地面工程系统建设包括气源处理系统，CO_2 气输送系统，CO_2 注入系统，CO_2 驱采出物集输处理及伴生气循环利用系统。CO_2 驱油地面工程系统示意流程如图 3-1 所示，CO_2 原料气采用压缩机超临界注入工艺。

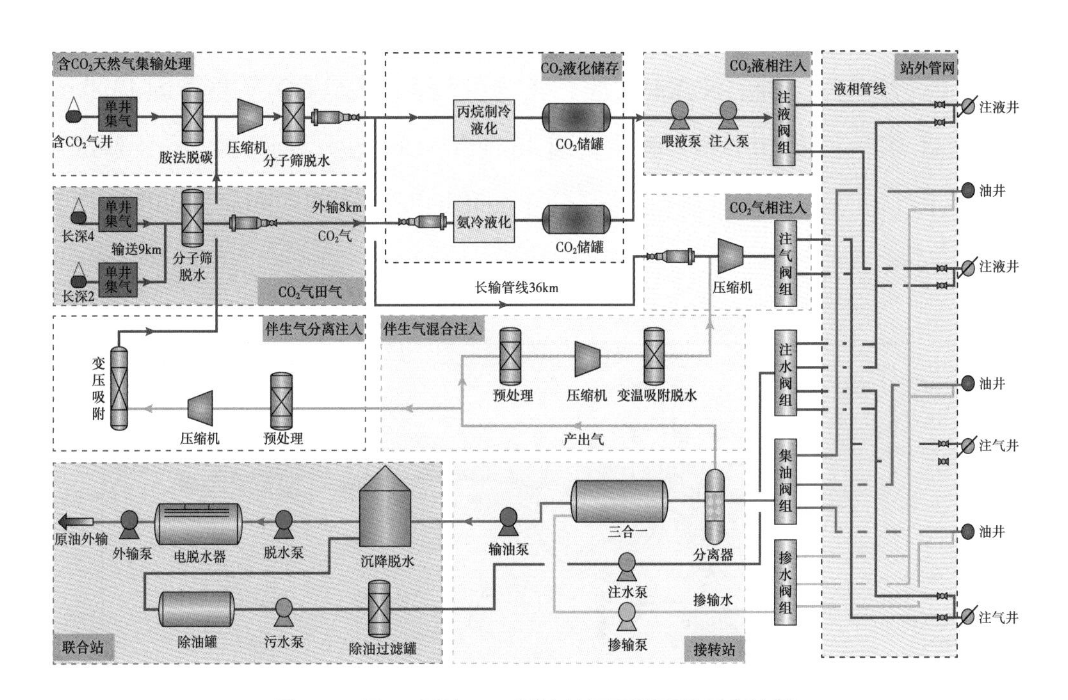

图 3-1　黑 46 区块 CO_2 驱油地面工程系统示意流程

（1）注入系统：采用超临界循环注入工艺，设计规模 $60\times10^4m^3/d$，注入气为产出气和天然气净化厂 CO_2 气的混合气。

（2）采出液系统：利用已建小环掺水流程进入计量间，单井环产液量经卧式翻斗计量；初期采用油气混输工艺，中后期产气量大幅度增加后采用气液分输工艺，油气进黑 79 接转站，气输至黑 46 站循环回注，液输至大情字井联合站处理。

（3）采出气系统：采用变温吸附脱水工艺，设计规模为 $20\times10^4m^3/d$。

2. 大庆油田注入技术

大庆油田从 1991 年开始进行 CO_2 驱试验，至今历经试验、先导试验、扩大实验、水敏油藏先导试验和工业化试验五个阶段。当前，大庆油田 CO_2 驱试验区建设主要有榆树林油田 CO_2 驱试验区和海拉尔油田 CO_2 驱试验区。

1）榆树林 CO_2 驱

榆树林油田 CO_2 驱注入是采取水气交替注入方式，即注气与注水采取一管双注，试验区块共建设注入井 77 口、采油井 157 口、油井计量间 3 座、接转站 1 座、CO_2 液化站 1 座、注入站 1 座、注气间 5 座、气态 CO_2 输气管道 13.8km、液态 CO_2 供气管道 10.7km、集输管道 46.7km、CO_2 注入管道 49.4km，建成产能 $6.3\times10^4t/a$。榆树林工业化试验区分布图和地面系统流程图分别如图 3-2 和图 3-3 所示。

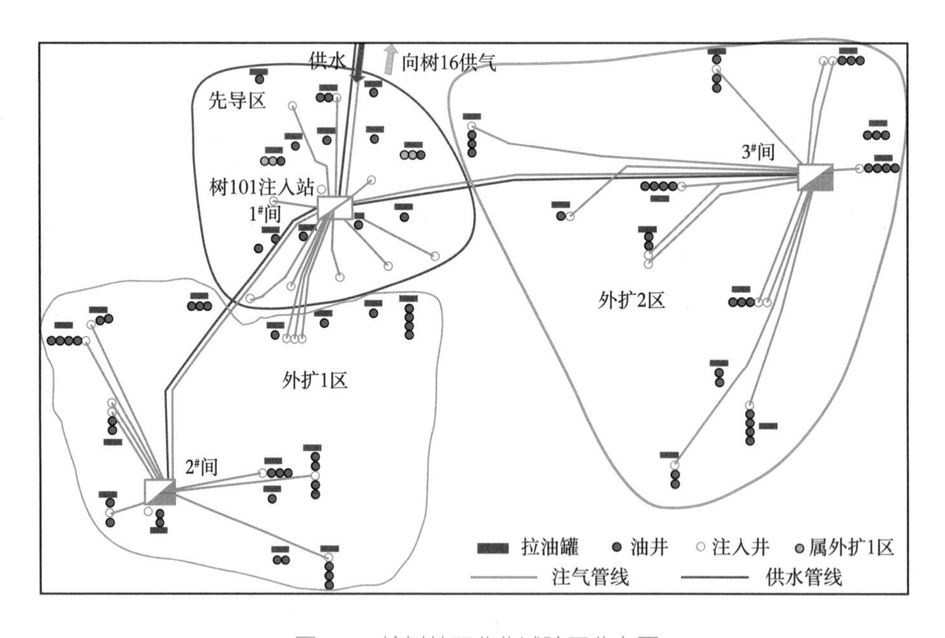

图 3-2　榆树林工业化试验区分布图

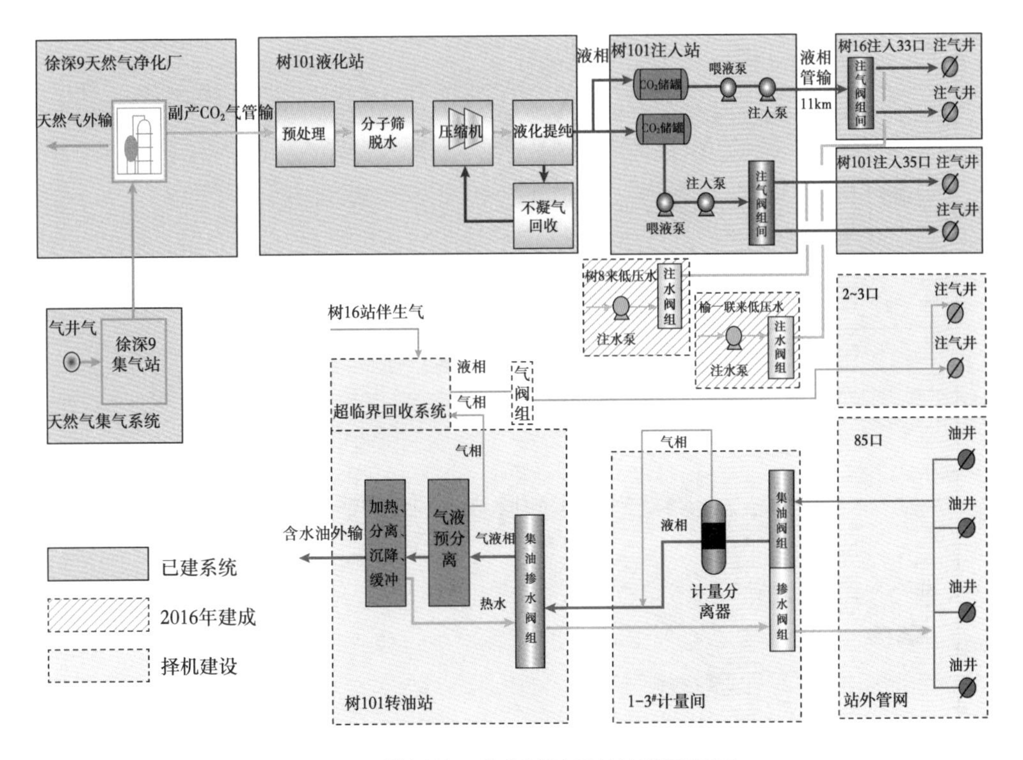

图 3-3　榆树林工业化试验系统流程示意图

（1）液化系统：采用氨冷工艺制冷液化，处理能力为 20×10^4t/a。

（2）注入系统：采用 CO_2 液相注入工艺，树 101 及树 16 站试验区集中注入，注入能力为 889t/d。

（3）采出系统：采用“羊角式环状掺水、油气混输集油工艺”，接转站内采用“双气—双液分离接转工艺”。

2）海拉尔 CO_2 驱

海拉尔油田 CO_2 驱试验区共建设注入井 38 口、采油井 130 口、集油间 5 座、接转注入站 1 座、CO_2 液化站 1 座、注气间 3 座、集输管道 81.3km、CO_2 注入管道 17.9km，并建成贝 14 区 9×10^4t/a 超临界回收循环注入系统，建成产能 12.8×10^4t/a。海拉尔工业化试验区分布如图 3-4 所示，贝 14 工业化试验系统流程示意图如图 3-5 所示，图中拟建系统计划于 2019 年建成投产。

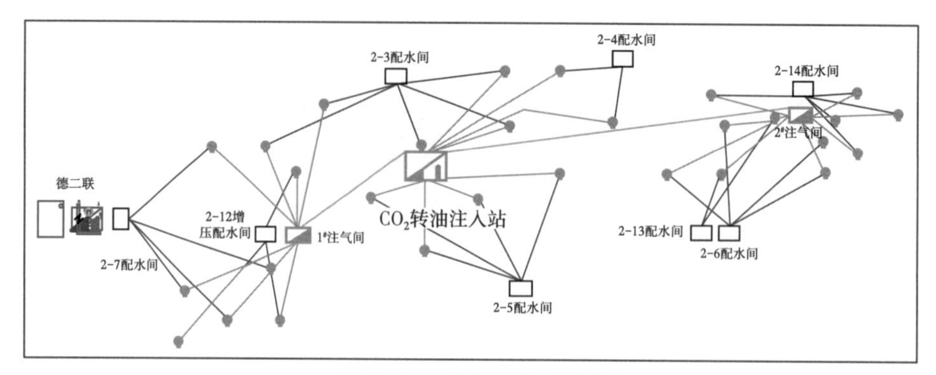

（a）贝14试验区注入系统平面布局

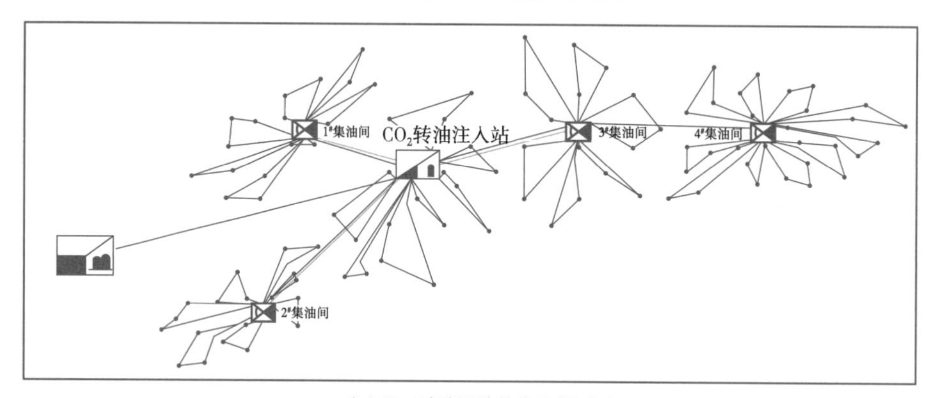

（b）贝14试验区站外集油管网图

图 3-4　海拉尔工业化试验区分布图

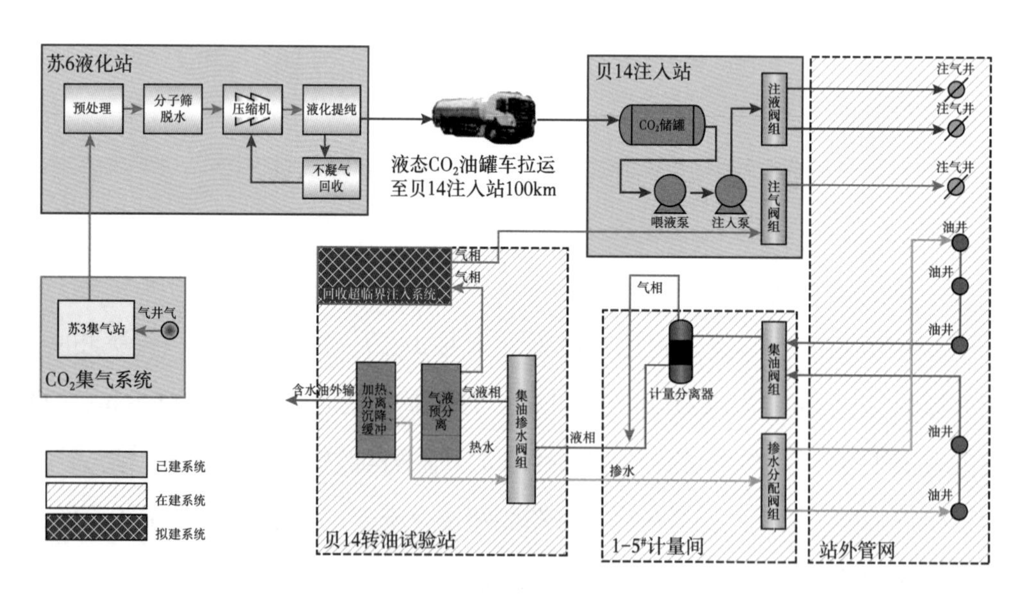

图 3-5　贝 14 工业化试验系统流程示意图

（1）液化系统：采用氨冷制冷液化工艺，液化能力为 22×10^4t/a。

（2）注入系统：前期采用 CO_2 液相注入工艺，注入能力为 1200t/d；后期采用超临界注入工艺，注入能力为 9×10^4t/a。

（3）采出液系统：采用小环掺水集油工艺，接转站内采用“双气—双液分离接转工艺”。

（4）采出气系统：采用气液分离后，增压至超临界态注入，回收规模为 9×10^4t/a。

3. 长庆油田注入技术

长庆油田黄 3 区 CO_2 驱先导试验区整体规模为 9 注 38 采，为了确保先导试验的顺利开展，先期开展 3 注 19 采的试注试验。2017 年 7 月 1 日，黄 3 区 CO_2 开始注入，建设试注站 1 座，改造已建增压点 3 座和井场 15 座。按照项目整体计划，长庆油田 CO_2 驱先导试验将最终建成产能 5×10^4t/a，井组 9 座、集输站场 1 座、集输管道 17.61km。

黄 3 区 CO_2 驱先导试验地面工程总体布局图如图 3-6 所示。黄 3 区 CO_2 驱仅处于先导试验阶段，地面工艺流程相对较为简单。

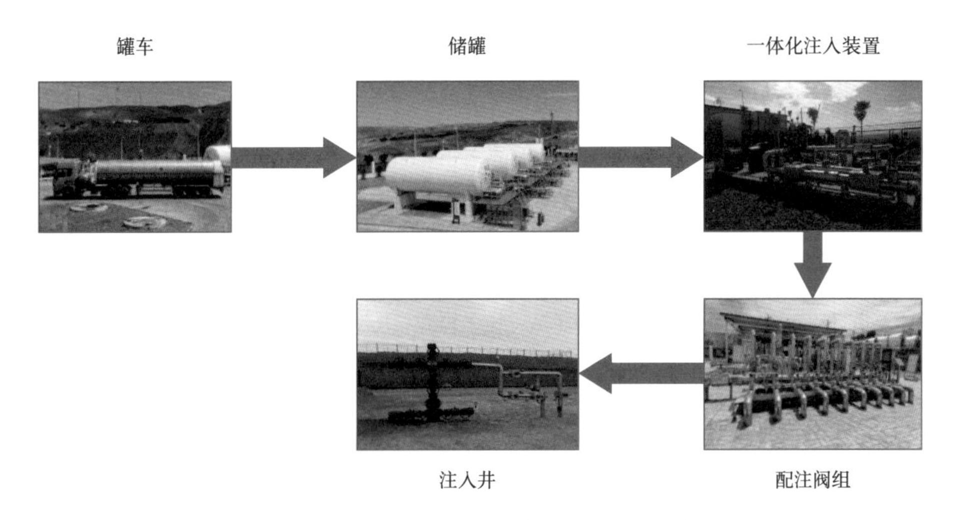

图 3-6　黄 3 区 CO_2 驱先导试验地面工程总体布局图

（1）注入系统：采用液相注入工艺，先期建设 100t/d 液态 CO_2 注入橇。

（2）采出液系统：通过对试验井采出液“集中”和“分散”收集处理方案的比选，优选确定采用一线井与二线井分开收集，集中处理一线井采出液的方案。

一线井采用井口翻斗计量、单管深埋、不加热集油直接进综合试验站，二线井仍按原生产方式进已建生产系统；直接进综合试验站的一线井，其中集油半径大于 2.5km 或高差大于 100m 的，集中设置井场增压橇，输至综合试验站；综合试验站由多个橇装装置组成，具有对含 CO_2 采出液气液分离、原油脱水、外输、采出水处理回注及伴生气分离、CO_2 气捕集、提纯、液化等功能；一线井新建出油管道，小口径管选用芳胺玻璃钢管道，ϕ89mm 以上管道选用非金属内衬管道。

二、国外注入技术

在国外，尤其是在北美（美国和加拿大），CO_2 驱油项目已经进行多年，建设超临界 / 密相输送管道约 50 条，在整个工艺流程的方方面面都有经验的积累。在北美，超临界 CO_2 管道输送的压力一般都在 1200~2700psi（8.3~18.6MPa），经过管道输送到达注入现场，出口依然保持密相状态。

1. 美国 ILLINOIS 工业二氧化碳驱油埋存示范项目

由美国 NETL 管理组织，DOE 赞助发起的美国伊利诺伊州的一个大型碳捕集和埋存示范研究项目，将工厂捕集来的 CO_2 注入砂岩层封存，年注入规模为 100×10^4t（3000t/d）。前期项目 IBDP 达到 1000t/d 的注入规模，后期项目 IL-ICCS 由原有的 1000t/d 增加至 3000t/d，两个注入地点在 Decatur 相近的地点。本项目的工艺流程是，从 ADM（Archer Daniels MidlandCompany）的玉米生产乙醇工厂捕集纯度高于 99% 的 CO_2，输送到 1500mile 外，通过 1 台 400hp[1] 的多级地面离心泵压缩到 2300psi，最终经过直径 8in，1mile 长的管道输送到注入井直接注入。

[1] 1hp≈745.7W。

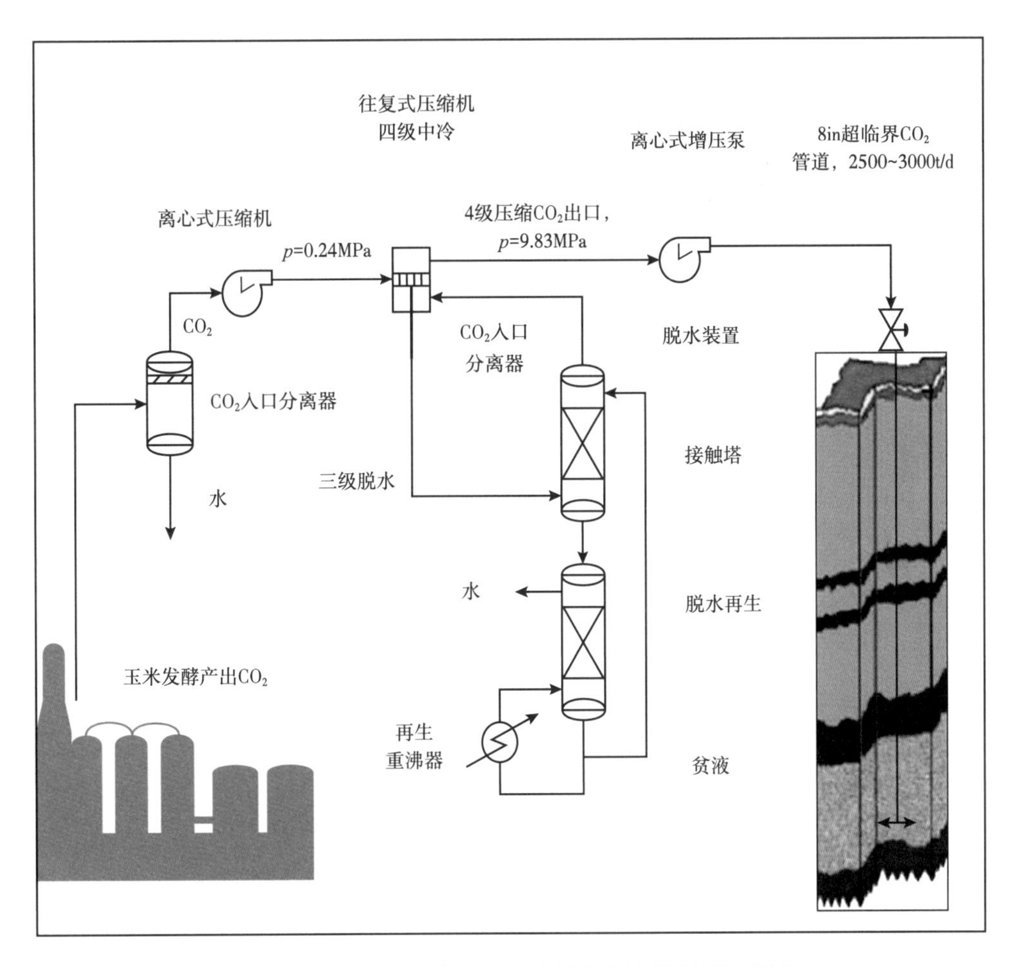

图 3-7　ILLINOIS 工业 CO_2 驱油埋存示范项目流程示意图

2. 加拿大 Weyburn 二氧化碳驱油埋存示范项目

Weyburn 项目曾经是世界上规模最大的 CO_2 驱油项目，气源来自 Dakota Gasification（DGC）North Dakota Facility 美国北达科他州现场，中间经过 330km 管道输送，到达加拿大萨斯喀彻温省 WeyburnCO_2 驱油现场，日输送能力达到 5000t/d。管道气的典型成分为 $CO_2$96%，H_2S 0.9%，CH_4 0.7%，C_{2+} 烃类 2.3%，CO 0.1%，N_2 小于 300mL/m^3，O_2 小于 50mL/m^3，H_2O 小于 20mL/m^3。CO_2 管线从起始点到中间 Tioga 泵站的 MAOP（最高允许运行压力）是 2700psi，后一段到终点的 MAOP 是 2964psi，到 Weyburn 终点能达到的最小压力为 2175psi。

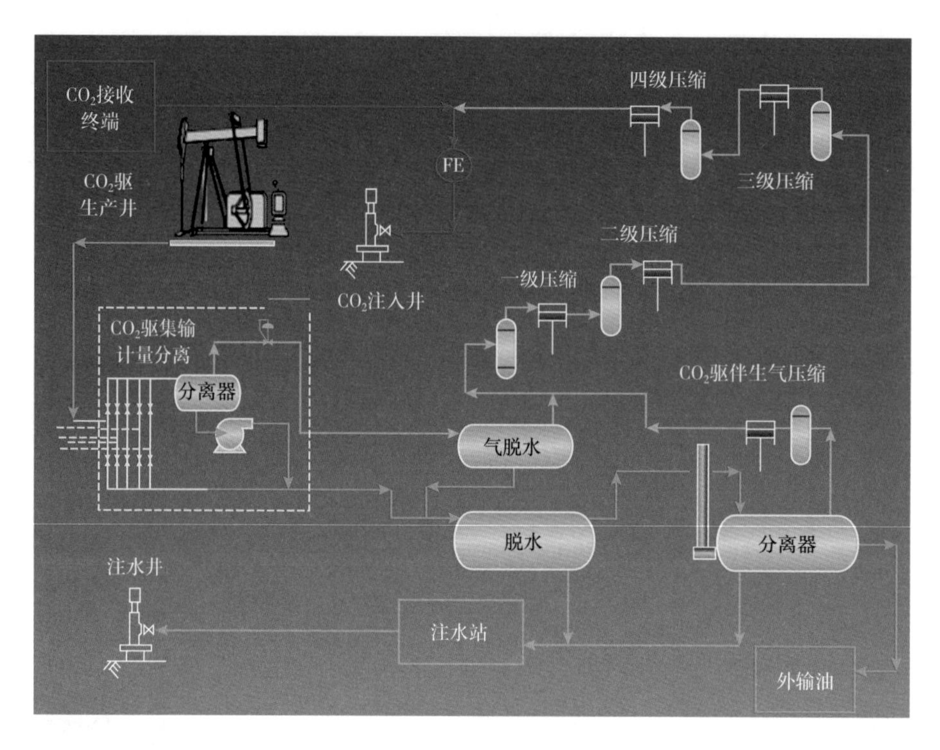

图 3-8　Weyburn　CO_2 驱油埋存示范项目地面设施流程示意图

3. 挪威 Snøhvit 二氧化碳驱油埋存示范项目

Snøhvit CO_2 埋存示范项目是 Statoil 公司运行的两个海底埋存 CCS 项目之一，2008 年开始注入。气源来源于位于挪威巴伦支海岸的大型 LNG 项目，LNG 工艺气源含有 5%~8% 的 CO_2，在岸上进行工艺分离的 CO_2 捕集后通过 153km 的海底管道注入气藏下面的盐水层，埋深约 2600m。截至 2016 年底，已经有 400×10^4t 的 CO_2 成功注入海底。在此项目中，为了防止水合物的生成及腐蚀的发生，含水量要远小于饱和条件。脱水工艺在气态 CO_2 状态下（1.8MPa，13℃）进行，含水量可降至 1000mL/m^3 以下，通过压缩机增压至 6.0MPa，然后脱水至 50mL/m^3，最终通过冷却装置将温度降至 15℃，在此条件下，气源处于液相状态。在此状态下，使用德国 LEWA 公司生产的 G4T 隔膜泵将 CO_2 通过海底管线注入海底。隔膜泵最高出口压力可达到 21MP，增压能力为 100t/h，轴功率 650kW。

第二节　二氧化碳主要注入技术

一、二氧化碳液相注入技术

1. 流程与布局

液相注入工艺流程是液态 CO_2 从储罐中经喂液泵抽出增压，通过 CO_2 注入泵增压至设计注入压力，并配送至注入井口。根据液态 CO_2 输送方式的不同，又可以分为液相汽车拉运注入和液相管输注入。图 3-9 为带储罐及卸车系统的 CO_2 液相拉运注入流程示意图。

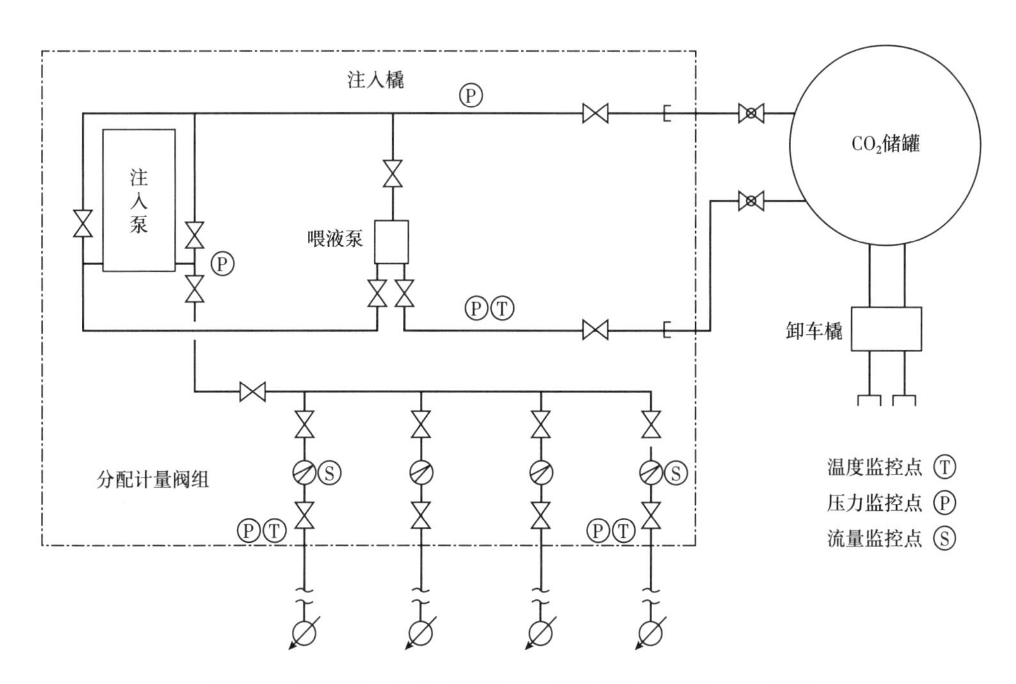

图 3-9　带储罐及卸车系统的 CO_2 液相拉运注入流程示意图

液相汽车拉运注入有 2 种模式：一是直接抽取罐车内 CO_2 注入，该模式适用于井数少、集中、注入量少的试注，机动灵活，更适于单井吞吐；二是利用固定、半固定 CO_2 储罐存储，再通过增压橇注入，该模式适于井数相对多，单车 CO_2 供给量不能满足注入量需求，需要连续注入的试注。

液相管输注入指在注入站与液相 CO_2 气源较近条件下，直接利用液相

CO_2 短距离输送后，通过柱塞式注入泵增压注入，既节省工程初期投资，又有利于维护、运行费用低的优点。本流程采用液相短距离输送，比超临界气相输送输量大，注入规模大。所用增压泵为容积式注塞泵，较超临界压缩机工程投资低很多，后期维护费用低，日常维修保养无需专业人员，普通维修人员即可完成。

CO_2 液相注入站布局有集中建站和橇装式分散小站两种形式。集中建站有单泵单井流程和多泵多井流程，具体选取哪种形式，应根据不同油区开发油藏条件，开发具体要求和注入规模择优选择。CO_2 液相管输注入流程图示意图如图 3-10 所示。

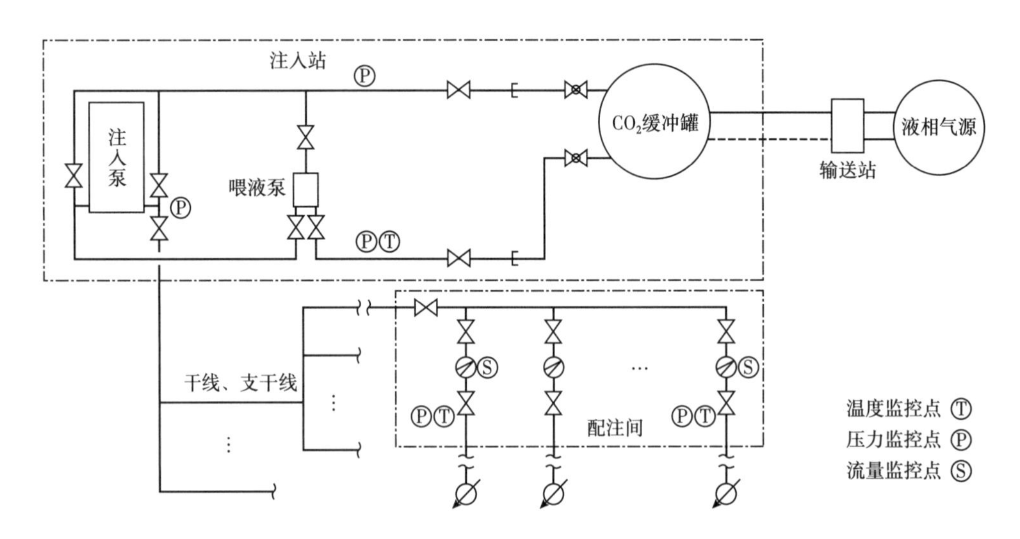

图 3-10　CO_2 液相管输注入流程示意图

2. 储罐保冷

液态 CO_2 储存采用低温、低压储罐，一般温度范围为 -30~-20℃，压力范围为 1.5~2.5MPa。液态 CO_2 储罐一般采用真空粉末绝热保冷工艺或硬质聚氨酯泡沫塑料浇注成型保冷工艺。

3. 预冷工艺

在注入系统启动之前，除液态 CO_2 和储罐处于低温状态下外，其他管道、阀门、机泵都处于环境状态下。液态 CO_2 在流动过程中要克服各种阻力降压，

将导致部分液态 CO_2 气化。预冷就是使液态 CO_2 从自流至喂液泵，经喂液泵增压，使液态 CO_2 由泡点状态转为“过冷”状态。液态 CO_2 一部分流经喂液泵电动机转子与定子间，对电动机冷却，自身汽化，这部分气液混合物再经管道回流到储罐内；另一部分进入注入泵，对泵头进行预冷。循环预冷工艺通过喂液泵和注入泵使 CO_2 在系统内往复循环，直到达到注入系统启动的温度和压力条件。

4. 喂液工艺

采用喂液工艺是防止 CO_2 注入泵产生“气锁”现象。液态 CO_2 经喂液泵增压 0.2~0.3MPa，加上储罐内压力，喂液泵出口压力可达 2.2~2.3MPa，以保证注入泵腔内的 CO_2 为过饱和蒸气压以上的液相“过冷”状态。为避免液态 CO_2 气化而影响喂液泵和注入泵的吸入，需要维持液态 CO_2 处于“过冷”状态，喂液泵的排量应大于注入泵的总排量，多余液量用于冷却喂液泵和注入泵，再经注入泵入口的回流管道回到储罐内。

根据实际生产经验及夏季高温最不利情况下换热量计算，喂液泵额定流量按注入规模的 1.5~2.0 倍选择较为合理，保证正常注入的同时，剩余回流流量基本能够带走环境造成的注入泵温升。

另外，由于 CO_2 驱注入 CO_2 时间较长，注入量前后期变化也较大，因此喂液泵应采用变频控制，可适时调节排量，以增强 CO_2 驱注入的适应性。

5. 加热注入

液态 CO_2 出注入泵后，需根据工程或生产运行要求确定是否需经换热器换热，以保证井口注入温度。根据实际经验，一般需经换热器换热，使液体由 −20℃ 升至需求温度进入注入阀组计量调节后回注地层。

6. 液相输送

液态 CO_2 输送包括低压（2.0~4.0MPa）输送，沿程阻力计算可按本节前述公式进行计算。不同温度下纯 CO_2 黏度随压力变化曲线如图 3-11 所示。

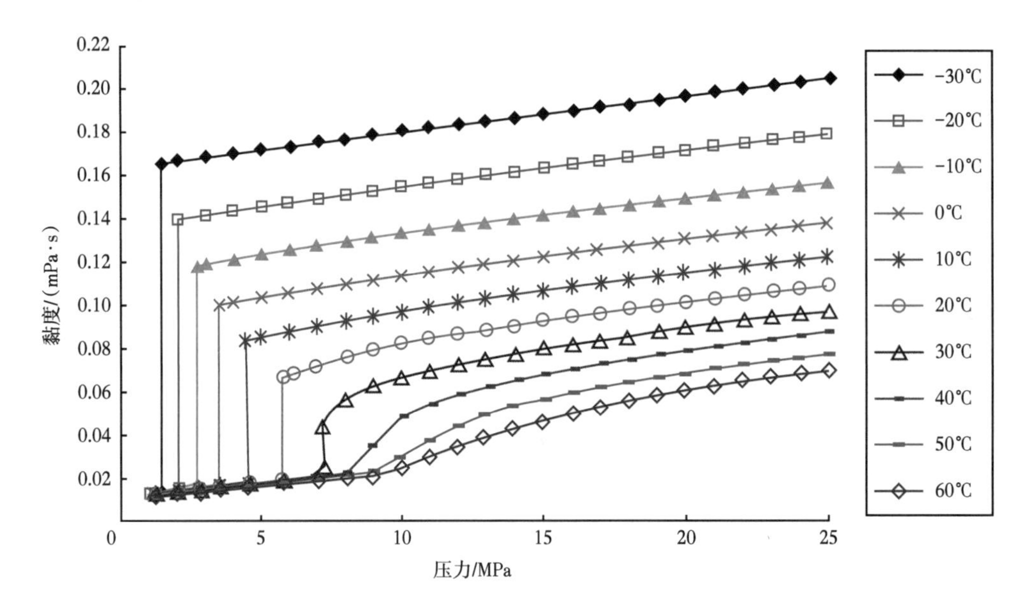

图 3-11　不同温度下纯 CO_2 黏度随压力变化曲线

二、超临界二氧化碳注入技术

超临界注入是一种将 CO_2 从气态加压至超临界状态后注入地下的驱油注入方式。国内已进入现场 CO_2 驱项目主要采用液相注入方式。但种种研究表明，采用超临界管道输送和注入联合方式是一种最为经济的 CO_2 回注技术之一。

1. 注入流程

图 3-12 为 CO_2 超临界注入模式及流程示意图。超临界注入对来气组分要求低，如 N_2、CH_4 等杂气含量基本无特殊要求，但要满足油藏等驱油要求。同时也要对含水、机械杂质等进行控制，减少对压缩机及后续管道、设备等的影响。

2. 相态临界点、泡点线和露点线的确定

一种混合气体组分，采用软件计算 CO_2 混合气质，从相包络线可以看出，以 CO_2 含量为 93% 为例，介质的临界点压力为 7.74MPa，温度为 26.45℃，两相区位于泡点线下方和露点线上方区。

3. 含水量控制

含 CO_2 混合气体中如果有水存在，一方面酸气腐蚀性强，另一方面含 CO_2

混合气可能产生水合物会损害设备。因此应控制混合气体含水量，使酸气的露点达到可控要求。

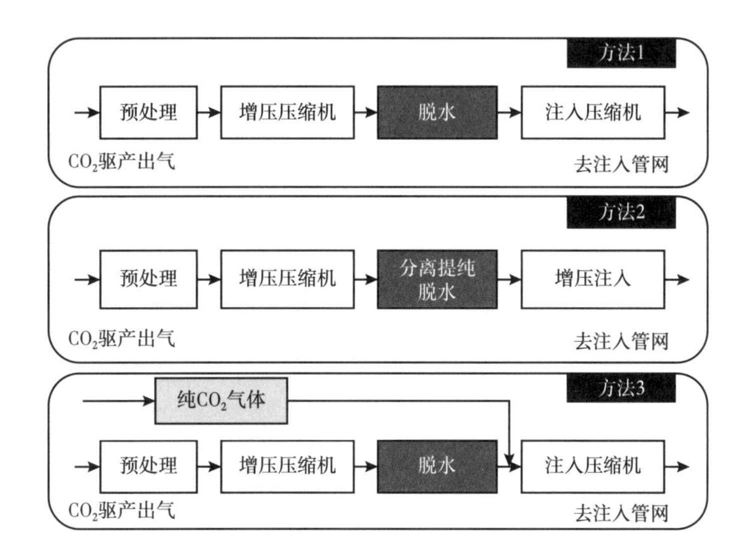

图 3-12　CO_2 超临界循环注入模式及流程示意图

4. 相平衡分析与控制

主要以含 CO_2 混合气体的相包络线为相态参数控制依据，计算和修正压缩机各级进出口参数，确保多级增压时压缩机各级入口参数处于非两相区、非液相区。

5. 预处理

当混合气含有较多机械杂质时，应通过预处理除去大直径液体和固体颗粒，以保证压缩机入口气质要求。

三、二氧化碳驱主要循环注入技术

循环注入指在 CO_2 驱过程中由采出井产出的 CO_2，经处理再回注油藏的重复利用过程。在 CO_2 驱三次采油和 CO_2 地质埋存项目中，CO_2 回注系统采用的气源通常为 CO_2 驱油过程中的伴生气和工业回收的 CO_2 气。

在循环注入过程中，注入 CO_2 纯度应满足油藏工程的要求，当气井气或产出伴生气 CO_2 含量高于 CO_2 注入纯度要求时，采取超临界直接注入；当产出气 CO_2 含量低于 CO_2 注入纯度要求时，可与更高纯度的 CO_2 气混合达到注入纯度要求后回注，即混合注入方式；当产出气与纯 CO_2 气混合后 CO_2 含量仍低于 CO_2 纯度注入要求时，需将产出气单独分离提纯后注入。

1. 相平衡分析和预处理

含 CO_2 酸气回注系统设计的关键问题是相平衡计算分析，一方面气源组分复杂、机械杂质含量高，另一方面低压含 CO_2 混合气含水量高，对压缩工艺设计和设备安全运行具有较大影响，设计时需要考虑相平衡分析和预处理等关键因素，通常从以下几方面进行分析。

1）相包络曲线绘制

在进行含 CO_2 混合气回注系统工艺设计时，首先是根据气体组分绘制相包络曲线（P–T 关系图）[图 3-13（a）]。在图中可明显看出混合气体的相态临界点位于气、液两相同时存在时的最高压力和最高温度点。只有当压力和温度处于相包络线内时，酸气混合物才以两相状态存在。研究认为，对于混合气体压缩机设计，绘制真实介质的相包络曲线是正确计算和修正多级压缩机间工艺参数、合理控制相态的重要前提[1]。

绘制相包络曲线：原料气组分中 CO_2 含量 94%（体积分数），其余是烃和 N_2。采用 AQUAlibrium 3 软件计算含 CO_2 混合气性质，从绘制的相包络线可以看出，介质的临界点压力为 7.74MPa、临界点温度为 26.45℃，两相区位于泡点线下方和露点线上方区域。

2）控制含水量

含 CO_2 混合气中如果有水存在，会带来两方面问题：一是含有游离水的酸气腐蚀性很强；二是含 CO_2 混合气可能生成像冰一样的水化物，堵塞管道和冷却器，破坏设备。因此，在含 CO_2 混合气压缩机设计时需要脱水，使酸气的露点达到可控要求。

含水量分析：原料气压力为 0.2~0.3MPa；原料气温度不大于 40℃；原料气含有一定量的游离水。可见，进入压缩机的原料气一定是饱和含水状态。经计算，需要四级压缩才能将伴生气从 0.2~0.3MPa 压缩到 25MPa 以上，其中第三级出口压力为 7~9MPa。由 40℃ 条件下该组分的饱和含水状态下的含水量关系图［图 3-13（b）］可知，6~8MPa 时介质含水量最低（在 2200~2800mL/m^3 之间），显然，在该组分介质压缩过程中，三级压缩冷却后，可将含水量降到最低，四级压缩冷却后，不会再有游离水出现。研究认为，针对该组分，采用压缩脱水工艺，即可保证压缩机出口无游离水存在。

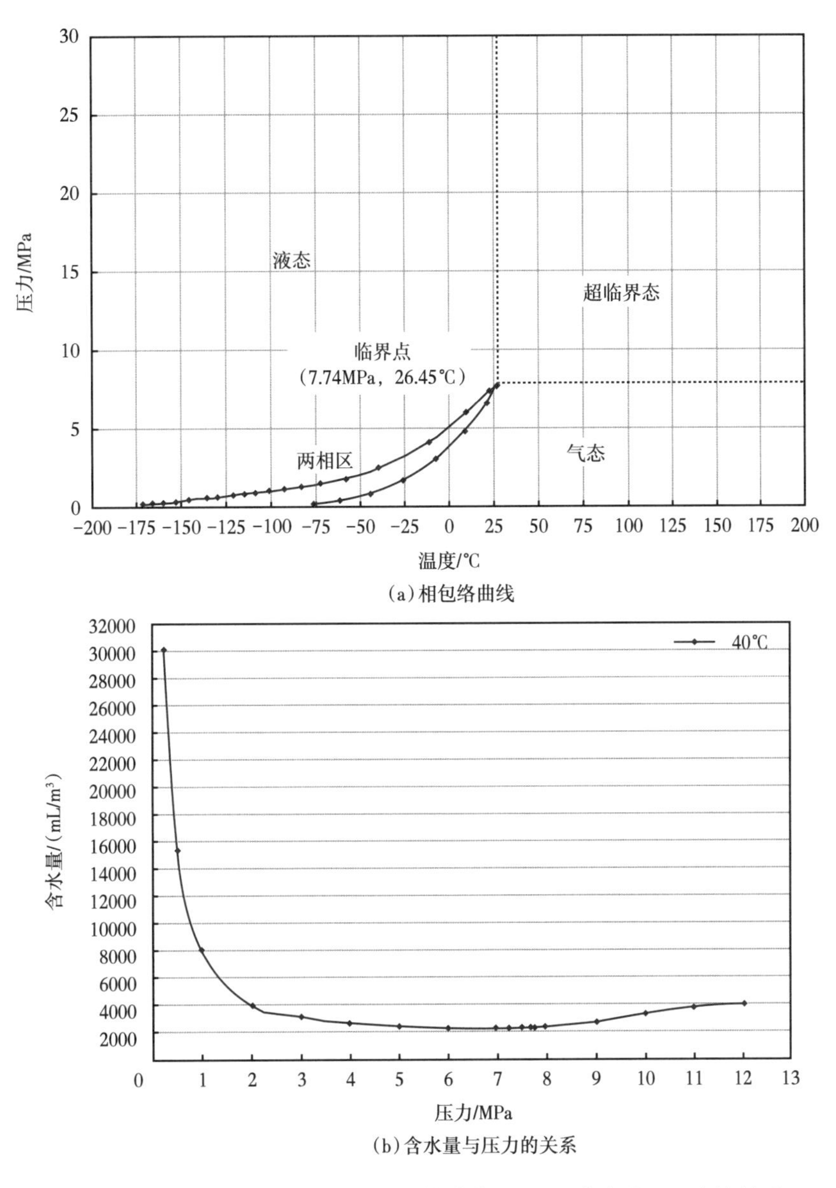

（a）相包络曲线

（b）含水量与压力的关系

图 3-13 混合后 CO_2 驱伴生气相包络曲线及 40℃ 含水量跟压力的关系

3）相平衡分析与控制

主要以含 CO_2 混合气体的相包络曲线为相态参数控制依据，反复调整压比，计算和修正压缩机各级进出口参数，工艺上主要采用控制温度的办法来控制压缩机各级入口相态参数，级间设冷却器和分离器，分离掉由于压缩和冷却产生的液体，确保多级增压时压缩机各级入口参数处于非两相区和非液相区。

相平衡分析及控制：由于该试验区注入介质要求最高压力达到 25MPa、温度不大于 40℃，故压缩机出口压力以 25MPa 计算，当注入量为 $5×10^4m^3/d$ 时，需要采用四级压缩才能将伴生气从 0.2~0.3MPa 压缩到 25MPa 以上。以伴生气入口压力为 0.3MPa 计算，得到压缩机各级参数见表 3-1。

表 3-1　CO_2 驱伴生气超临界注入时压缩机各级参数

参数	1 级		2 级		3 级		4 级	
	入口	出口	入口	出口	入口	出口	入口	出口
压力 /MPa	0.3	1.001	1.001	2.901	2.901	8.601	8.601	25.1
温度 /℃	40	138.8	40	143.5	40	147.2	40	107.2

根据相态控制示意图（图 3-14）可看出，由于压缩机各级入口温度为 40℃，各级压缩冷却前后的含 CO_2 伴生气始终处于非液相区和非两相区，其中三级出口介质处于低压超临界区，该区域的含 CO_2 混合介质性质同样是符合压缩条件的。

因此，研究认为当 CO_2 驱伴生气 CO_2 含量不低于 94% 时，可采用压缩机超临界注入，排气压力能够达到 25MPa 以上。

4）预处理

由于储层产出的含 CO_2 混合气或回收气在未经特殊处理时，一般含有较多的大直径机械杂质，如固体颗粒和液滴等，会对压缩机正常运转造成极大影响，甚至损坏叶轮，破坏压缩机结构。因此，需要根据压缩机进气条件要求，对含 CO_2 混合气进行预处理，除去大直径的液体和固体颗粒。

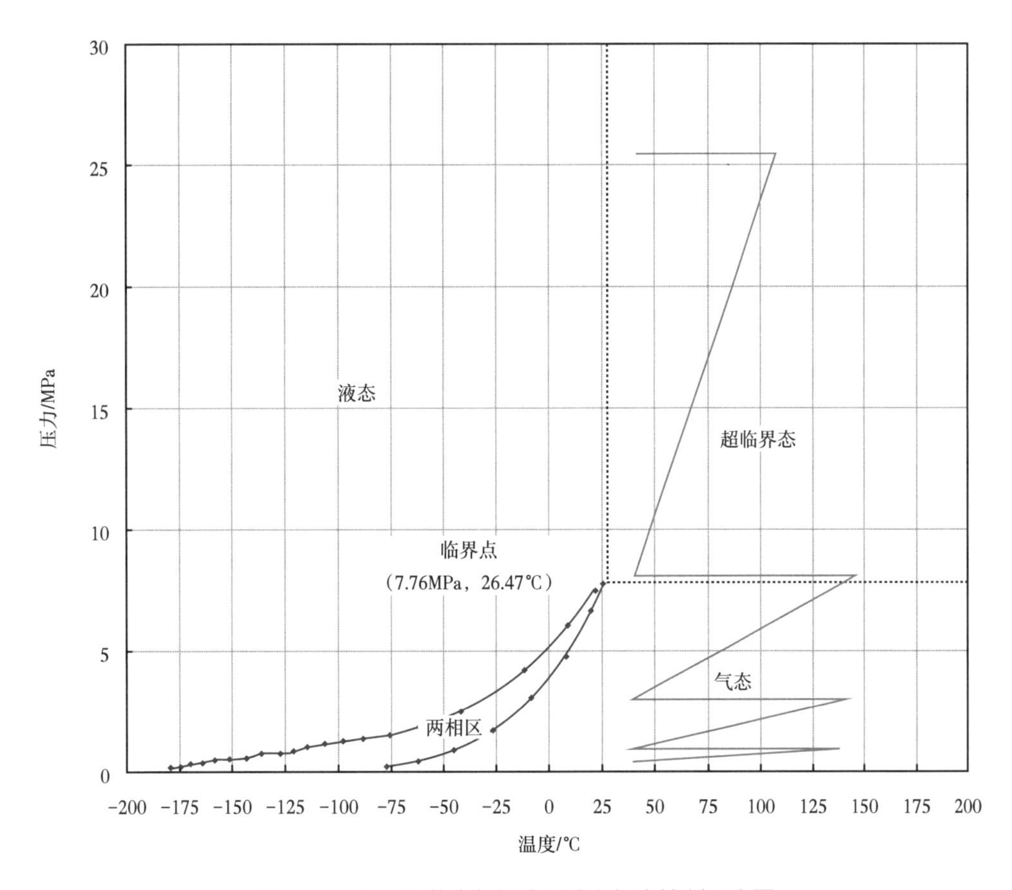

图 3-14　CO_2 驱伴生气超临界注入相态控制示意图

2. 主要工艺流程简介

CO_2 驱伴生气超临界注入工艺流程同样包括预处理系统和增压系统两部分。CO_2 驱伴生气在预处理系统经除尘、除液和除油雾后，进入增压系统；在增压系统经换热至 40℃ 进入压缩机，经四级压缩到 25MPa 后，再经冷却，然后去站外注入干线管网。其中，分别在一、二、三级压缩机出口设冷却器和气液分离器，分离掉由于压缩和冷却形成的液体，用于级间相态、水合物和腐蚀控制。

CO_2 驱后的产出气，产量及 CO_2 含量均随年度变化，同时含有液相杂质，需要进行预处理。油井产物经过气液分离器进行气液分离，液体外输至已建接转站，气体经计量后与站外分输来产出气汇合后进入预处理装置，脱除 5μm 以上的所有液滴及固体杂质，出口气体去往压缩单元。

预处理后气体进入产出气压缩机进行增压，压缩机采用往复式进口电驱压缩机，风冷设计，需二级压缩。根据技术路线确定的进出口参数，一级压缩进口压力为 0.2~0.3MPa，出口压力为 0.8~1.0MPa；二级压缩出口压力为 2.3~2.5MPa。

来自产出气压缩机出口 2.5MPa 气体至变温吸附脱水单元，首先经过两台除油过滤器除去油雾后再进入由三塔组成的等压无损干燥系统，装置出来的净化气 2.50MPa 可以达到≤ 30mL/m^3 的含水量。出界区的净化气去往注入压缩机。

3. 现场应用

吉林油田采用产出气与长岭气田脱碳后纯 CO_2 气混合后超临界注入，同时避免了油井产出气 CO_2 脱碳和液化流程，减除了脱碳和液化成本。

1）吉林油田黑 59 试验区

油井产出伴生气中 CO_2 含量变化很不稳定，单井伴生气 CO_2 含量波动范围在 5%~90%。而 CO_2 驱油藏研究表明：为了易于实现混相，注入介质中 CO_2 含量不宜低于一个数量指标。研究认为，在开展 CO_2 驱伴生气超临界注入试验时，宜将压缩机入口介质 CO_2 含量提高到 94% 及以上，预留一定波动范围，从而避免由于地面系统运行不平稳而影响驱替效果。因此，为了达到这一指标，需要将油井产出伴生气与长深 2、4 井管道来的纯 CO_2 气充分混合，才能使压缩机入口介质 CO_2 含量提高到 94% 以上。

黑 59 CO_2 驱先导试验区 CO_2 注入采用集中建站、单泵对多井高压液态注入工艺。黑 59 液态 CO_2 注入站设计注入能力为 240t/d。液态 CO_2 通过耐低温管道输送到配注间，在配注间对单井注入进行分配和计量。平均单井日注 30t，井口最大注入压力不超过 23MPa，连续注 6 个月后进行水气交替注入。

黑 79 扩大试验注入工程采用集中建注入站、单泵对多井高压液态注入工艺。站外采用枝状管网布置，在配注间进行单井注入的计量与分配。注配间内建有加注缓蚀剂的装置，注气管道新建，采用耐低温的管材，埋地铺设。吉林油田 CO_2 驱液相注入站工艺流程示意图如图 3-15 所示。

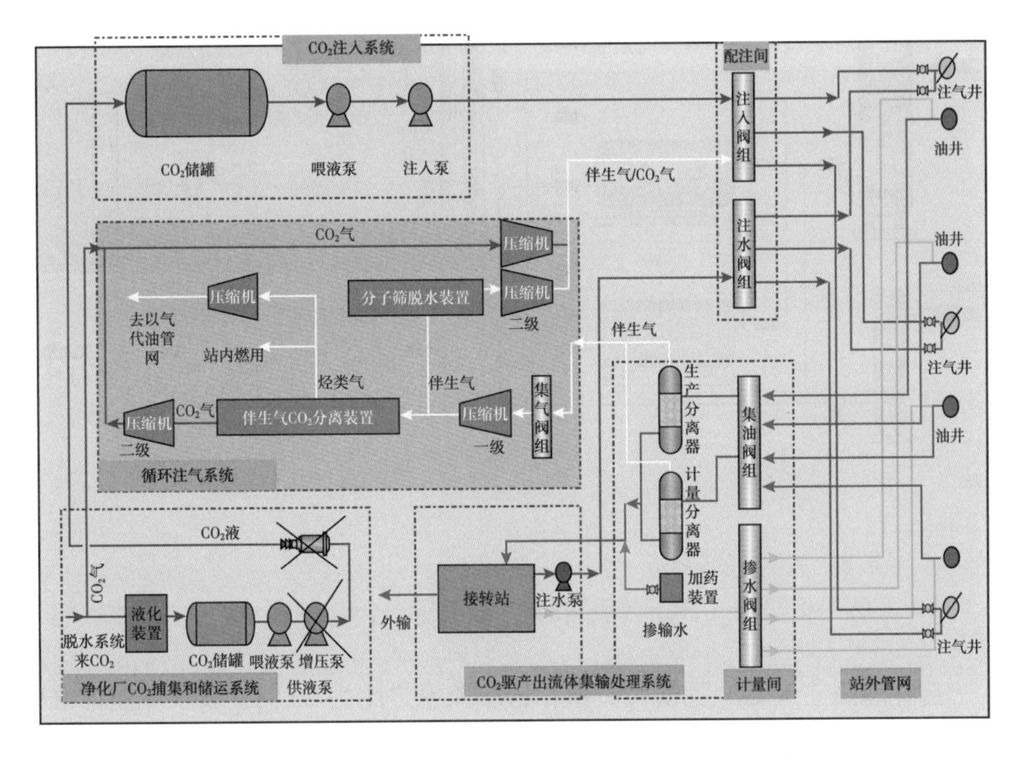

图 3-15　吉林油田 CO_2 驱液相注入站工艺流程示意图

2）黑 46 CO_2 驱工业化推广工程

净化后的产出气与净化厂来的纯净 CO_2 气体在静态混合器内进行充分混合，进入注入压缩系统。气体压缩仍采用往复式进口电驱压缩机，风冷设计，需三级压缩，进口为 1.6~2.2MPa，出口压力为 28MPa，去注入分配器分配注入。为站外注入并提供超临界状态的 CO_2。

CO_2 气注入采用超临界注入，优选合理注入半径为 8~10km，黑 46 循环注入站注入量范围在（32.25~64.50）$\times10^4m^3/d$ 之间。吉林油田 CO_2 驱超临界态循环注入工艺流程示意图如图 3-16 所示。

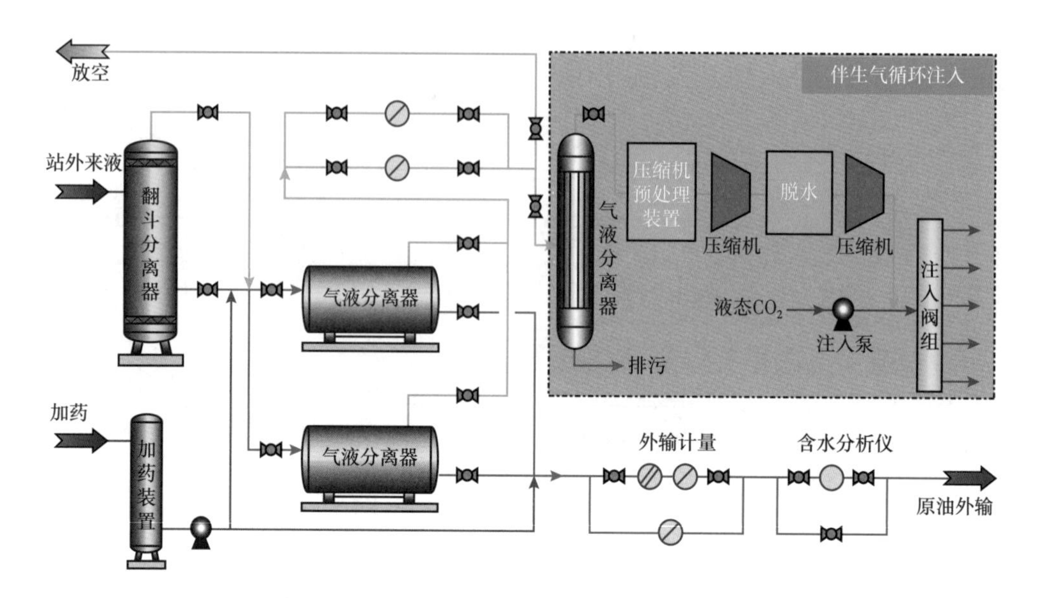

图 3-16　吉林油田 CO_2 驱超临界态循环注入工艺流程示意图

第三节　超临界二氧化碳计量方式

吉林油田注入 CO_2 的最大流量和最小流量之比为 20∶1，要求流量计准确度在 5% 以上。CO_2 为非极性分子，导电率极低，而且现场工况导致 CO_2 的物性参数变化较大。针对以上条件，分析较各种流量计，总结各种流量计优缺点见表 3-2。

表 3-2　流量计优缺点总结

流量计类型	主要优点	局限性
差压流量计	结构简单、成本低、重复性好、标准化程度高	压力损失大，安装时需要较长的直管段，量程范围窄，精度属于中等水平
浮子流量计	无直管段要求，量程较宽，可用于低雷诺数测量，结构简单、廉价	一般只能垂直安装，易损坏，要求介质清洁，精度较低
容积式流量计	精度高，无安装直管段要求，可用于高黏性流体，量程范围宽	结构复杂体积庞大，不便于维护，成本高，对介质种类和口径有要求，有噪声
涡轮流量计	精度高，范围宽，重复性好，结构紧凑，安装方便，路通能力大	需要经常校验，不能用于高黏度流体，需较长直管段，测量受流体物性特性影响较大

续表

流量计类型	主要优点	局限性
涡街流量计	精度中上，无可动件，结构牢固，量程比较宽	不适用于低雷诺数测量；需较长直管段；仪表在脉动流、多相流中尚缺乏应用经验
电磁流量计	测量通道光滑直管，不会阻塞，适用于测量含固体颗粒的液固二相流体，如纸浆、泥浆、污水等；不产生流量检测所造成的压力损失；所测得体积流量实际上不受流体密度、黏度、温度、压力和电导率变化的明显影响；流量范围大，口径范围宽；可应用腐蚀性流体	不能测量电导率很低的液体，如石油制品；不能测量气体、蒸汽和含有较大气泡的液体；不能用于较高温度
超声波流量计	可做非接触式测量；为无流动阻挠测量，无压力损失；可测量非导电性液体，对无阻挠测量的电磁流量计是一种补充	传播时间法只能用于清洁液体和气体；而多普勒法只能用于测量含有一定量悬浮颗粒和气泡的液体，而且多普勒法测量精度不高
科氏力流量计	直接测量流体的质量，故障率少，对影响量如温度、压力不敏感	对机壳，传感器的振动有要求，而且价格昂贵

一、振动环境的流量计选型

长岭气田伴生的 CO_2 经过净化站分离增压后管输至黑 46 区块，再由黑 46 区块循环注入站增压注入，增压设备为三级压缩机，靠近压缩机的管道振动明显而且 CO_2 流体为脉动流。所以，需要考虑的硬性条件见表 3-3。

表 3-3　考虑振动的影响条件

管径	DN25
温度范围 /℃	5-60
压力范围 /MPa	10~28
流量范围 /（t/d）	10~200
精确度范围	5% 以上
管道是否振动	是
流体是否导电	否
流体是否脉动	是
流体物性参数变化是否明显	明显

不满足硬性条件的流量计见表 3–4。

表 3–4　流量计排除原因分析

流量计类型	排除原因分析
电磁流量计	CO_2 流体不导电，电导率不满足要求
超声波流量计	管道振动，产生干扰
涡街流量计	管道振动，产生干扰
科氏力流量计	管道振动，产生干扰
孔板流量计	量程比太窄，一般为 4∶1
文丘里管	量程比太窄，一般为 5∶1
浮子流量计	一般不耐高压，常见压力规格仅为 0.6MPa
涡轮流量计	流体物性变化明显，对测量精确度影响很大

经过以上筛选，满足要求的流量计有 V 锥流量计、平衡孔板、容积式流量计。

不同的流量计有其特殊的适用性，需要根据特定的工况进行综合比选，才能确定适合的流量计。表 3–5 是满足要求的流量计的详细分析。

表 3–5　满足条件流量计详细分析

流量计类型	精确度 /%	量程比	压力损失	直管段长度	价格	安装费用	维护费用
V 锥流量计	0.5~2	10∶1	低	短	中等	中等	中等
平衡孔板	0.3~0.5	＞ 10∶1	低	短	中等	中等	中等
容积式流量计	0.1~0.5	可达 40∶1	高	无	中等	中等	高

二、无振动环境的流量计选型

大部分吉林油田注入区块离压缩机距离很远，此时管道振动和管流脉动不明显。针对此种情况的流量计选型需要考虑的硬性条件见表 3–6。

表 3-6　不考虑振动流量计的硬性条件

管径	DN25
温度范围 /℃	5~60
压力范围 /MPa	10~28
流量范围 /（t/d）	10~200
精确度范围	5% 以上
流体是否导电	否
流体物性参数变化是否明显	明显

不满足硬性条件的流量计见表 3-7。

表 3-7　流量计排除原因分析

流量计类型	排除原因分析
电磁流量计	CO_2 流体不导电，电导率不满足要求
孔板流量计	量程比太窄，一般为 4∶1
文丘里管	量程比太窄，一般为 5∶1
浮子流量计	一般不耐高压，常见压力规格仅为 0.6MPa
涡轮流量计	流体物性变化明显，对测量精确度影响很大
超声波流量计	CO_2 对超声衰减较大，会对精度产生影响。虽然有资料表明超声波流量计可计量 CO_2 浓度达 60% 以上的流体，但是对于纯 CO_2 计量经验不足，不推荐使用

不考虑振动和脉动流的影响，供选择的流量计较多，但是仍然需要结合实际具体工况进行择优挑选，表 3-8 是满足要求的流量计的详细分析。

表 3-8　满足条件的流量计详细分析

流量计类型	精确度 /%	量程比	压力损失	直管段长度	价格	安装费用	维护费用
V 锥流量计	0.5~2	10∶1	低	短	中等	中等	中等
平衡孔板	0.3~0.5	＞10∶1	低	短	中等	中等	中等
容积式流量计	0.1~0.5	可达 40∶1	高	无	中等	中等	高
涡街流量计	0.5~1.5	可达 20∶1	中等	中等	中等	低	中等
科氏力流量计	0.15~2	＞40∶1	中等	无	高	低	低

三、方案优选

结合吉林油田实际工况，靠近压缩机的管道振动明显，所以需要考虑振动和不考虑管道振动分别对流量计进行优选。综上所述，考虑振动情况下，流量计选型有如下结论：

由于明显振动、量程比限制和超临界 CO_2 特殊性质，可选的流量计为 V 锥流量计、平衡流量计和容积式流量计。

针对这三种流量计进行了精确度、量程比、压力损失、直管段长度、价格、安装费用和维护费用比较，可以根据实际情况选择合适的流量计。

当管道距离压缩机很远，振动已经不明显。不考虑振动情况下，流量计选型有如下结论：

在不考虑振动的情况下，可选的流量计有 V 锥流量计、孔板流量计、容积式流量计、涡街流量计和科氏力流量计。

国外对于 CO_2 捕获和埋存过程推荐的流量计一般有孔板、文丘里管、V 锥流量计、涡街流量计、超声波流量计和科氏力流量计。吉林油田在注入过程中注入量波动较大，孔板和文丘里管并不满足要求。

而超声波流量计经过改进可用于高浓度 CO_2 的气体，但是计量纯超临界 CO_2 流体仍然缺乏经验，所以不推荐使用超声波流量计。

可选的流量计有 V 锥流量计、平衡流量计、容积式流量计、涡街流量计和科氏力流量计，同样针对这五种流量计进行了精确度、量程比、压力损失、直管段长度、价格、安装费用和维护费用比较，可以根据实际情况选择合适的流量计。流量计还应具备温度、压力补偿，提高计量准确性。

第四节　推荐的二氧化碳注入技术

总体来看，目前试验区采用 CO_2 液相注入和超临界注入两种工艺，其中吉林油田基本采用超临界注入，其他试验区多采用液相注入。超临界注入工艺具有对气源气质要求较低、操作运行成本较低等优势，推荐采用该技术。CO_2 液相注入与超临界注入技术对比见表 3-9。

表 3-9 CO_2 液相注入与超临界注入技术对比表

项目	CO_2 液相注入	CO_2 超临界注入
压注气源要求	液相 CO_2，水分指标应控制在 200mL/m^3 以下，防止产生水合物	不影响油藏混相压力，例如吉林 90%
进口相态	液态进入压注泵	气态进入压缩机
出口压力	最大出口压力（国内）≤ 50MPa	最大出口压力（国内）≤ 28MPa，国外≤ 35MPa
输送方式	液态 CO_2 可用管道或车船输送，方式灵活	短距离采用气态管道输送，远距离采用超临界管道输送
总成本	拉运液态 CO_2 注入＞高含 CO_2 伴生气、液化注入＞捕集的 CO_2 超临界注入＞ CO_2 气井气液化注入＞ CO_2 气井气超临界注入	

»» 参考文献 »»

[1] 孙锐艳，马晓红，王世刚 . 吉林油田 CO_2 驱地面工程工艺技术 [J]. 石油规划设计，2013（2）: 5-10+35+52.

第四章 二氧化碳驱采出流体集输与处理技术

CO_2 驱是三次采油的重要技术，吉林油田在大情字井油田分别进行了先导试验、扩大试验，实现了 CO_2 驱液相注入及超临界注入。大情字井油田油藏属于混相驱油，充分利用了 CO_2 的萃取效应，驱替后采出流体组分、物性发生变化，直接影响地面工艺，大庆、长庆 CO_2 驱项目也具备这一特性。本章通过对采出流体物性参数进行研究，分析总结其变化规律，探讨其变化规律对地面工艺影响，已建流程、系统对其变化的适应性。

第一节 采出流体集输技术

一、主要集输技术

由于 CO_2 驱油井伴生气量大、含 CO_2 高及 CO_2 比热值远低于天然气的比热值，各试验区块采出液集输以依托常规集输处理工艺为主，接转站外集油工艺和接转站内处理工艺略有调整。目前多数采用三级布站方式，集油工艺技术多以小环掺水 / 羊角式环状掺水、油气混输为主，接转站内处理工艺加强气液分离。

1. 小环掺水、油气混输集油工艺

每 2~3 口油井 1 个环（集油环长度尽量小于 1.5km）。当采出井距处理站较远时，采用集油阀组间串接方式进站。

环形集油工艺流程的特点是：

（1）各油井串联在环形单管上，进行集油；

（2）将单井井场水套炉加热改为掺热水加热；

（3）掺水、集油是一根环形总管，作为热源的热水从集油阀组间进入总管，然后同收集的各油井产物一起返回到集油阀组间；

（4）采用油井动液面恢复法或便携式示功图法进行单井产量计量，油井见气后易造成计量准确性变差，需考虑产出气影响；

（5）环形流程具有节省管材、节省投资、相对容易管理等优点。但由于将单井串联在集油总管上，油井之间压力干扰较大，井网调整和流程改造比较困难。

适用条件：

（1）油井密度较大，产量较低，需要加热输送的油田；

（2）油井井网调整较少的油田；

（3）交通比较方便的油田。

2. 羊角式环状掺水、油气混输集油工艺

大庆油田在芳 48 扩大试验时，地面采出集油系统开展了电加热管集油试验，取得了良好效果。

榆树林油田树 16 CO_2 驱试验区研发了羊角式环状掺水、油气混输集油工艺（图 4-1），油井采出流体（油气水混合物）从井筒经井口节流阀进入羊角式

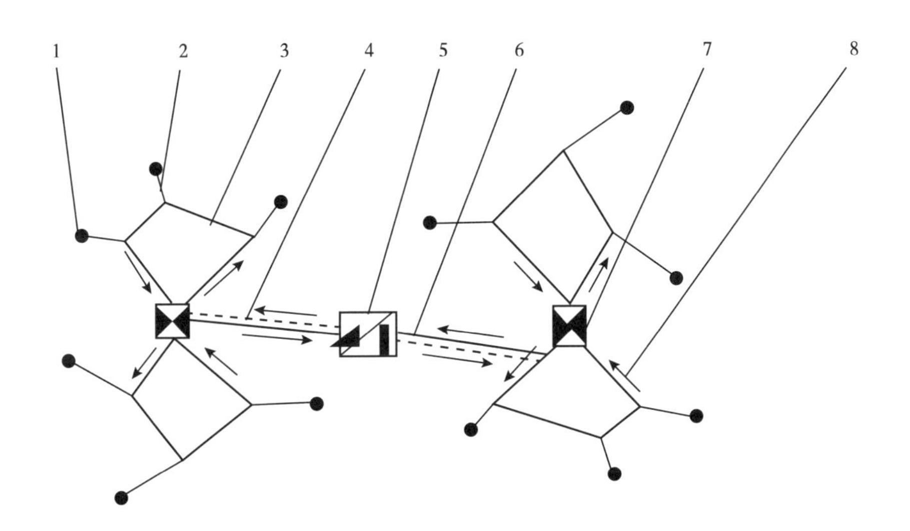

图 4-1 羊角式环状掺水、油气混输集油工艺流程示意图

1—油井；2—羊角式单管自压集油段；3—环状掺水集油段；4—站间掺水管线；5—接转站；6—站间回油管线；7—集油阀组间；8—采出液在管线内流动方向

单管自压集油段，高含 CO_2 油井伴生气由于节流造成的瞬时体积膨胀做功，热量损失将在此管段处稳定并以管道电加热方式补充热量；若补充的热量无法满足输送要求，会在此管段发生冻堵现象，不影响集油环上其他油井生产，关井后可立即采取电加热解堵措施，快速恢复油井生产。油井采出流体从羊角式单管自压集油段直接流入环状掺水集油段，与上游来的掺水或上游油井采出流体与掺水混合后的流体混合，沿着环状掺水集油管线流向下一口油井自压集油段出口处。

该工艺具有以下特点：

（1）油井井口处设置羊角式单管自压集油段，避免了 1 口井集油管线发生冻堵影响环上其他油井生产；

（2）油井井口羊角式单管自压集油段管材采用电加热管系列，具备加热维温的作用，保障流体正常输送；

（3）油井井口羊角式单管自压集油段管材采用金属电加热管系列，在管线发生冻堵时，可以采取电加热解堵这一最简便的管线解堵措施，快速恢复油井生产；

（4）油井井口羊角式单管自压集油段管材采用碳钢内衬 316L 不锈钢电加热管，可解决高含 CO_2 油井采出流体对管材的腐蚀问题。

二、CO_2 驱试验区主要集输方式

1. 吉林油田试验区集输方式

黑 59 CO_2 驱先导试验区采出液的收集采用单井 → 计量间 → 转油站集油方式，计量间集中油水计量，转油站经计量间至单井供掺水保温。站外集输油管道采用芳胺类玻璃钢管材，掺水管道站外采用酸酐类玻璃钢管材，站内管道、阀门选用碳钢材质。

黑 79 CO_2 驱扩大试验区内油井采出液采用小环掺水，串井连接流程进黑 79 试验站，再输至大情字井联合站处理。

黑 46 CO_2 驱工业化应用试验区站外油井集输利用已建小环掺水流程进入计量间，单井环产液量经卧式翻斗计量，减差经水表计量的掺水量后，实现单环

液计量。CO_2 驱中后期产气量大幅度增加后，已建混输管道能力不适应时，对远离接转站或串联多个计量站的集中处，建分离操作间，进行气液分输（图 4-2）。

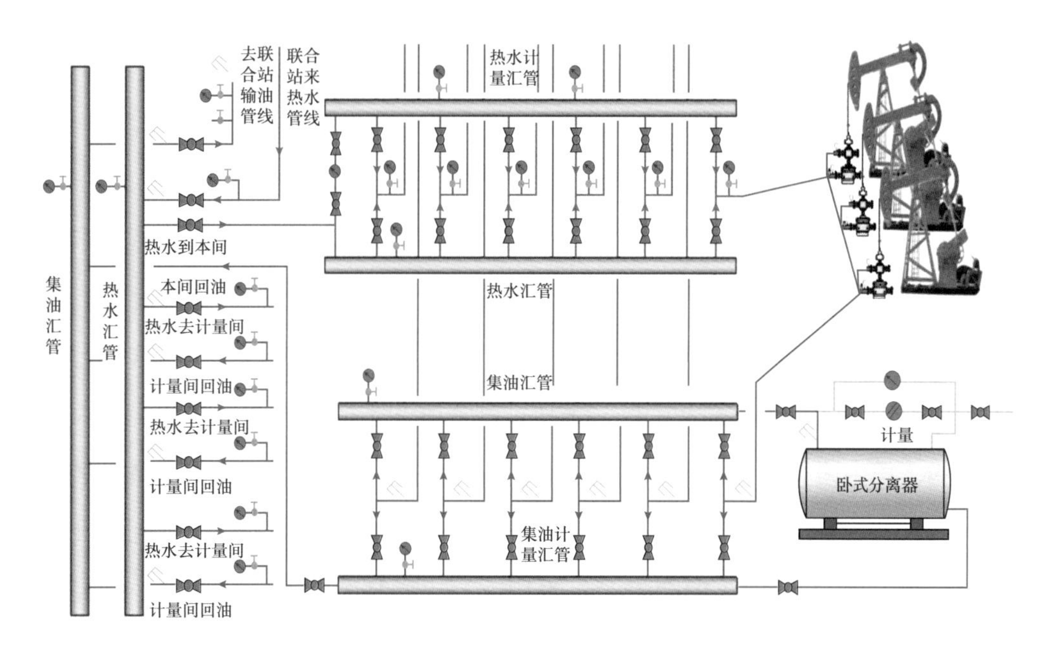

图 4-2　气液分输计量间工艺流程示意图

2. 大庆油田试验区集输方式

大庆榆树林油田 CO_2 驱树 16 采油井已建“羊角式环状掺水、油气混输集油系统”密闭集输生产；扩边区块暂未建集油系统，采用单井罐拉油生产，考虑到 CO_2 驱油井间歇见气，研发了适宜的井场集油罐，采出液拉至接转站后与水驱井产液混合处理。采出物气油比为 200~300m^3/t，伴生气中 CO_2 含量约占 70%。

大庆海拉尔油田 CO_2 驱 130 口采油井集中在贝 14 接转注入站，油井采出液的计量采用单井软件量油，小环掺水集油，进贝 14 接转注入站后预脱出供本站回掺的游离水，低含水原油输往德二联与其他水驱原油混合处理。

大庆油田 CO_2 驱集输系统，井口羊角单管自压集油段采用电加热管；集油环采用钢骨架增强塑料复合连续管和双金属复合管（碳钢内衬 304 不锈钢材质）；

集油阀组间与接转站之间管道采用双金属复合管（碳钢内衬 304 不锈钢材质）；接转站内油气分离器采用双金属复合材质（碳钢内衬 316L 不锈钢材质）；接转站内“四合一”组合装置烟火管采用 316L 不锈钢材质；接转站内进站阀组及油气分离器进出口管线、阀门采用 316L 不锈钢材质；其他站内管道、泵阀等采用碳钢材质[1]。

3. 长庆油田试验区集输方式

通过对试验井采出液“集中”和“分散”收集处理方案的比选，优选集中处理一、二线井采出液，即新建综合试验站 1 座，一线井采用井口翻斗计量、单管深埋（1.3m），不加热集油直接进综合试验站，二线井仍按原生产方式进已建生产系统。直接进综合试验站的一线井，其中集油半径大于 2.5km 或高差大于 100m 的，集中设置井场增压橇，输至综合试验站。综合试验站由多个橇装装置组成，具有对含 CO_2 采出液气液分离、原油脱水、外输、采出水处理回注及伴生气分离、CO_2 气捕集、提纯、液化等功能。一线井新建集油管道，小口径管选用芳胺玻璃钢管道，ϕ89mm 以上管道选用非金属内衬管道。

配合先期 3 口试注井，部署采出井 28 口（其中一线井 18 口，二线井 10 口），虽然仍按已建系统生产，但可检测试注效果。另外，结合试验要求，选择 3 条新建井组集油管道试验玻璃钢管、玻璃钢金属内衬管和柔性复合管。

第二节　采出流体处理技术

一、采出流体性质对集输系统影响

CO_2 驱采出物处理包括采出物分离、脱水、采出水处理等各环节。CO_2 驱采出流体与水驱相比分析见表 4-1。从该表可以看出，根据目前阶段取得的研究、试验成果结合目前多数采出液与同区水驱采出液混合处理的实际，处理含 CO_2 采出液可以沿用水驱采出液的处理工艺，但需要根据 CO_2 采出液的具体情况，对采出液脱水及采出水处理工艺中的一些关键参数做出适当调整[2]。

表 4-1　CO_2 驱采出液与水驱采出液对比表

项目	CO_2 驱采出液	水驱采出液
含水率	含水率变化不大	逐年增高，呈低中高含水期
井口出液温度	相同开发数据下，一般比水驱低 5~10℃	随含水升高，产液量增加而升高
气液比	后期气液比显著增加	基本稳定，或后期略升
采出液特性	初期原油密度、黏度、凝点均比水驱低，流动性能好；中后期重组分产出，密度、黏度、凝点升高，呈泡沫油特征，流动性呈先易后难；油水界面稳定，脱水难度大	典型的水驱采出液流动和其他物理特征
采出水特征	油水界面相对稳定，水中颗粒物量大，粒径小	典型水驱含油采出水特征

CO_2 驱采出液较水驱更为稳定、处理难度加大，破乳处理难度大于水驱，随着开采难度的加大，需调整破乳剂的浓度、处理温度、处理时间满足生产需求。

1. 二氧化碳驱对采出油水性质的影响

从跟踪监测可以得出，CO_2 驱采出液比水驱采出液稳定，并且 CO_2 驱采出液破乳处理难度也大于水驱，因此，对 CO_2 驱采出液的油水性质进行了研究，以探究 CO_2 驱采出液稳定性机理。不同条件下形成的乳状液稳定性动力学指数（TSI）值变化规律图如图 4-3 所示。

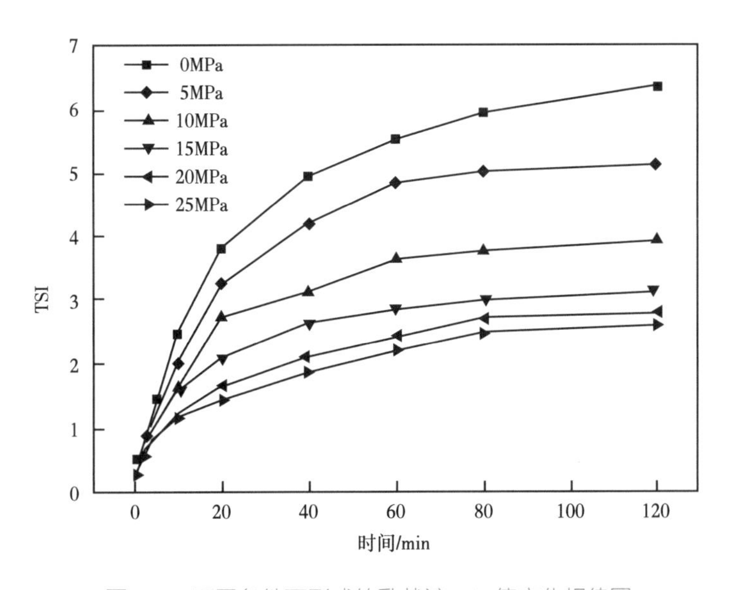

图 4-3　不同条件下形成的乳状液 TSI 值变化规律图

CO_2 驱采出液中固体颗粒含量明显增加，吉林油田采出污水中油滴的粒径大小主要集中在 0.8~2.2μm，平均粒径为 1.25μm，含油量为 420mg/L，固体悬浮物含量为 232mg/L，CO_2 与水相中离子反应生成难溶固体颗粒，以及 CO_2 与地层或管线反应均可以引起采出液中固体颗粒含量的增加。吉林扶余油田采出水粒度分布曲线如图 4-4 所示。

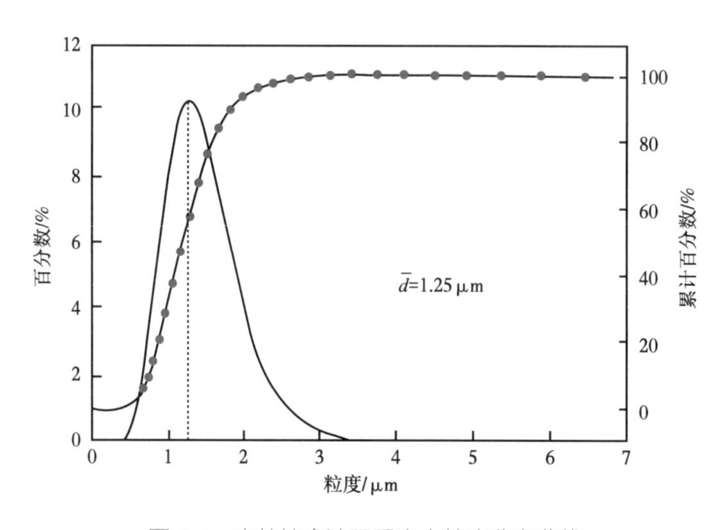

图 4-4　吉林扶余油田采出水粒度分布曲线

CO_2 驱采出液较水驱更为稳定、处理难度加大。CO_2 驱采出油与水驱油样相比，反常点及析蜡点升高，相同剪切速率下的黏度也有所增高。并且随着压力的升高，析蜡点及黏度都逐渐升高，采出液破乳处理难度也大于水驱。

（1）采出水与 CO_2 作用后与原油形成乳状液，稳定性增强、悬浮物增多，污水处理难度相应加大。

（2）不同压力下采出液与原油形成的油水界面张力随着压力增加而增加。

（3）随着采出水中 CO_2 通入压力的不断增加，采出水模拟液中产生的固体颗粒粒径先由小变大，出现两极分化，后均匀化[3]；分散度先减小后增大。

（4）温度对乳状液稳定性影响很大，随温度的升高乳状液稳定性降低，当温度低于原油析蜡点时，乳状液稳定性明显高于析蜡点时的情况。

2. CO_2 驱采出流体气液分离工艺

由于 CO_2 在油中和水中都有较高的溶解度（油中的溶解度更大），使 CO_2 驱采出流体呈现出发泡原油的特点。原油发泡会造成油气分离不彻底、处理量减少，增大仪表计量的误差。泡沫具有很强的吸附能力，在集输过程中会吸附微小固体杂质，有可能堵塞过滤器塞孔。泡沫的大量存在，容易导致气蚀。三相分离器中大量泡沫的存在，会挤占三相分离器的气相空间，严重影响油、气、水的分离效果，增加了分离时间；为了达到良好的分离效果，不得不增加分离器的尺寸。原油发泡还会导致原油冒罐。泡沫会增大液体的体积，从而使设备和管线的钢材消耗量增大。另外，CO_2 溶解于原油采出液中会给地面处理设备造成腐蚀，有可能引发生产事故。

发泡原油中的泡沫是一种气体被液体包裹的不稳定分散体系。泡沫的稳定程度受到表面张力影响。如果体系中存在一些表面活性物质，它吸附在气液界面上从而降低了介质的表面张力。同时由于这种物质形成吸附层时不易达到饱和，只是浸在液体中的组分比浸在气体中的多，这样泡沫内壁形成的定向排列使相邻气泡不易合并，从而使泡沫更稳定。因稠油含有大量的胶质和沥青质，具有较高的表面活性及很高的表面黏度，由其分子组成及物化性质决定了稠油具有较强的起泡性，且泡沫的稳定性更好。一般不容易在没有外界作用的情况下破裂。因此，如不加处理，分离器中的泡沫大多数经过重力分离才能够实现气液分离。

通常，在油田采用重力式两相分离器对发泡原油进行分离。这里以该型分离器为例，发泡原油的分离机理如图 4-5 所示，可以将进入卧式分离器中的发泡原油的气液分离分为两个阶段。阶段一（S1）为入口分离阶段。该阶段中，大量气液混合物从气液进口进入分离器，由于惯性的作用，混合物将在分离器上部空间运动一段时间。这期间，大量游离的气体由于重力作用与密度较大的液体发生自然分离，气体经过捕雾器从出气口流出；液体则沉积到分离器下部的液体沉降区。阶段一的分离过程迅速进行，是气液大量分离的阶段。阶段二

（S2）为气泡上升阶段。经过阶段一入口分离阶段的含有大量溶解气的发泡原油沉降到分离器下部区域。在发泡原油静置的过程中，由于重力的作用，密度较轻的气泡将依次挣脱液体的束缚而上升至液体表面，最终气泡破裂，气体从出气口溢出。该过程相较于阶段一进行缓慢，分离过程复杂，但确实是决定分离时间和分离效率的关键阶段。在阶段二中，气泡在上升的过程中受到重力、浮力、原油黏附力等多种力场左右；同时存在多个气泡的聚并等微观过程；加之脱水原油中通常含有大量水分，水以水滴的形式分散在原油中，在气泡上升的过程中还会受到水滴的影响，与水滴发生融合、聚并，进而产生复杂的运动现象，影响分离效率。

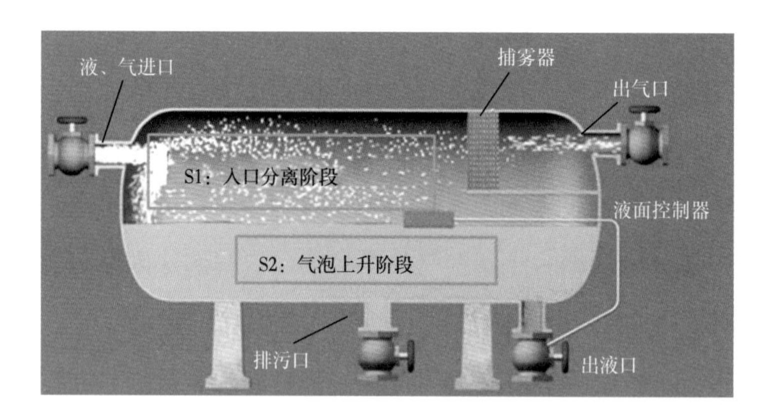

图 4-5　发泡原油分离机理示意图

通过研究发现（图 4-6 至图 4-8），CO_2 在油中的溶解度是 CH_4 在油中的溶解度的 2 倍，CO_2 在水中的溶解度是 CH_4 在水中的溶解的 19 倍，可见采出液中的含水量越大，CO_2 驱采出液在气液分离中的停留时间越长。

气液分离方法有重力沉降分离、惯性分离、过滤分离和离心分离等。

1）重力沉降分离

气液重力沉降分离是利用气液两相的密度差实现两相的重力分离，即液滴所受重力大于其气体的浮力时，液滴将从气相中沉降出来，从而被分离[4]。重力沉降分离器一般有立式和卧式两类，它结构简单、制造方便、操作弹性大，但是需要较长的停留时间，因此分离器体积大，笨重，投资高，分离效果差。

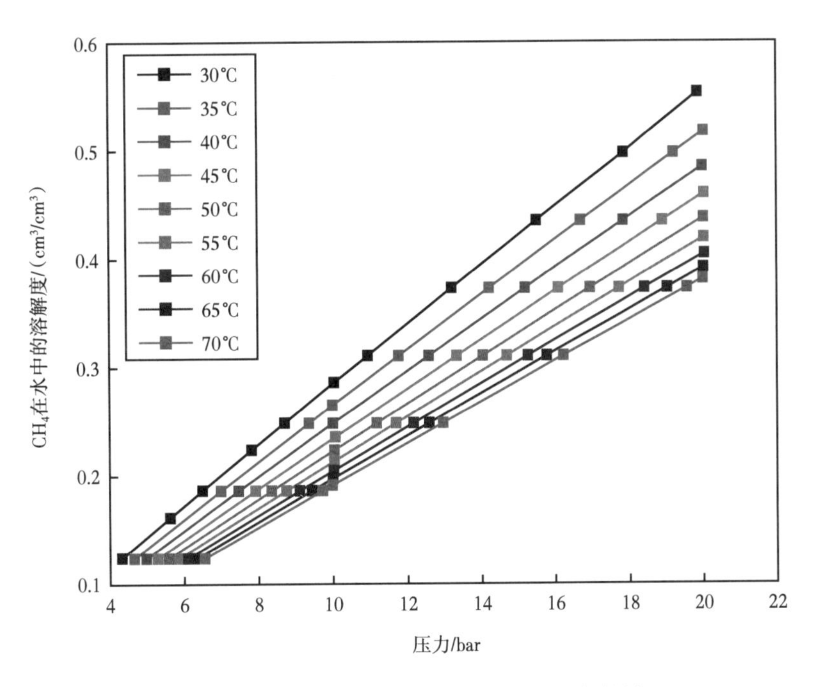

图 4-6　甲烷在水中的溶解度与温度及压力的关系

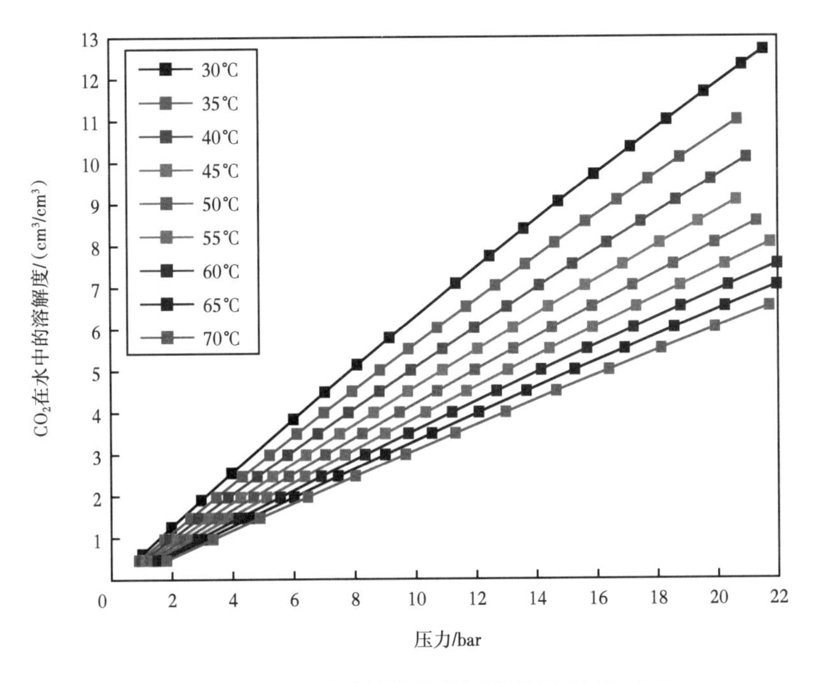

图 4-7　CO_2 在水中的溶解度与温度及压力的关系

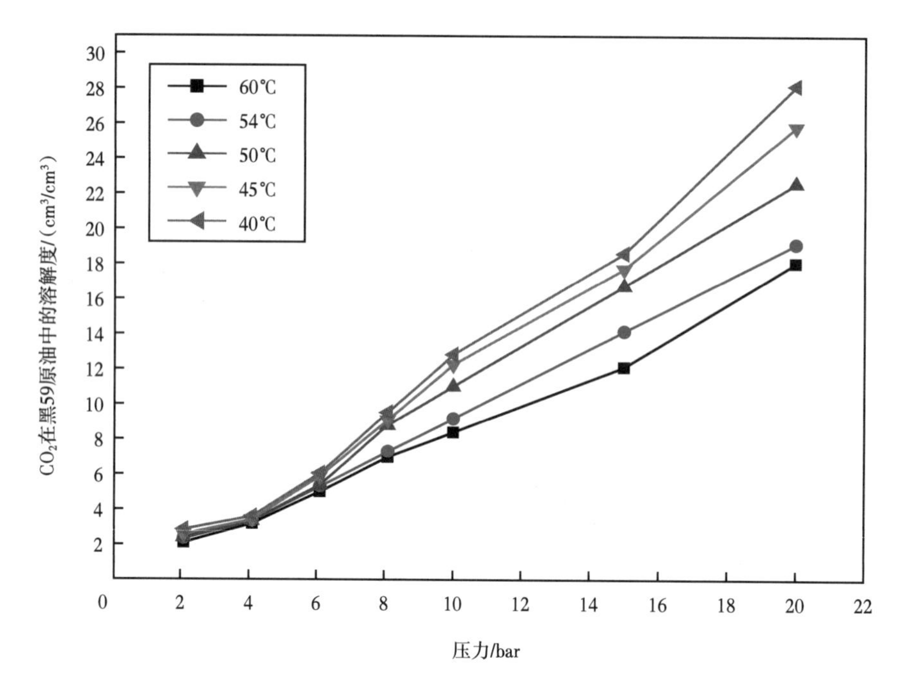

图 4-8　CO_2 在吉林油田黑 59 区块原油中的溶解度曲线

2）惯性分离

气液惯性分离是由于气体与液体二者之间存在的密度差异，使得气液两相流流经分离装置后，当与前方阻碍物相碰撞时，气体改变原来的流动方向而绕行，在液体较大的惯性影响下，液体则将仍然按照开始的流动方向继续运动，因此液体被阻碍物阻拦停止，粘贴在阻碍物的表面上，在重力的影响下，粘贴于阻碍物表面上的液体小颗粒向下移动，不断聚集跟随液流汇入进液孔共同流进仪器内腔，经由排液管排出。但惯性分离可分离的气液混合物的流速范围小，当混合流体流速大于限定的最高流速时，分离效率将会明显下降。

3）过滤分离

通过过滤介质将气体中的液滴分离出来的分离方法即为过滤分离。其核心部件是滤芯，以金属丝网和玻璃纤维较佳。气体流过丝网结构时，大于丝网孔径的液滴将被拦截而分离出来。若液滴直接撞击丝网，它们也将被拦截。过滤型气液分离器具有高效、可有效分离 0.1~10μm 范围小粒子等优点，但当气速增大时，气体中液滴夹带量增加；甚至使填料起不到分离作用，而无法进行正常生产；另外，金属丝网存在清洗困难的问题，故其运行成本较高。

4）离心分离

气液离心分离主要指气液旋流分离，是利用离心力来分离气流中的液滴，因离心力能达到重力数十倍甚至更多，故它比重力分离具有更高的效率。虽没有过滤分离效率高，但因其具有存留时间短、设备体积及占地面积小、易安装、操作灵活、运行稳定连续、无易损件、维护方便等特点，成为研究最多的气液分离方式。其主要结构类型有管柱式、螺旋式、旋流板式、轴流式等。

CO_2 驱采出流体中，气体含量较大，且 CO_2 大量溶解于采出液中，当压力、温度发生变化时，CO_2 从液体中解吸出来，形成大量的气泡，占据传统的重力沉降式分离器中的大量空间，造成停留时间延长，并且影响气液分离效果。考虑分离器占地面积、设备操作维护难易程度、分离效果等，采用旋流分离则可以解决这一问题。气液旋流分离器是采用离心加速度代替了重力加速度来实现两相分离的，通常情况下，旋流分离器内由于流体运动而产生的离心加速度是重力加速度的几百倍甚至上千倍，也因此表现出了旋流器的高效性。

对于卧式气液分离器，当控制液面高度为 1/2 分离器直径时，与气处理能力有关的最佳长径比为 2.16，与油处理能力有关的最佳长径比为 4.51，近似为以气体处理能力作为设计标准时的两倍[5]。从经济角度出发，推荐出分离器最佳长径比。

经分析研究，与气处理能力有关、与油处理能力有关的最佳长径比分别为：

$$L_e/D = 2.847\sqrt{(1-h_D)F_aF_h} \tag{4-1}$$

$$L_e/D = 5.9\sqrt{h_DF_aF_h} \tag{4-2}$$

从经济角度出发，最优直径的计算公式为：

$$\frac{\pi m}{4C}D^4+\frac{\pi}{6}D^3-V=0 \tag{4-3}$$

$$m=\frac{p_c}{2[\sigma]^t\phi-p_c} \tag{4-4}$$

分离器长度的计算公式为

$$L=\frac{4V}{\pi D^2}-\frac{D}{3} \tag{4-5}$$

式中 L_e——分离器的有效分离长度，m；

D——分离器直径，m；

h_D——控制液面到容器底部的高度与容器的内径的比值；

F_a——由容器直径平方确定的封头表面积系数；

F_h——制造容器封头和壳体的单位钢材成本比；

V——容器全容积，m^3；

C——厚度附加量（厚度负偏差与腐蚀裕量之和），mm；

p_c——计算压力，MPa；

$[\sigma]^t$——设计温度下圆筒的计算应力，MPa；

ϕ——焊接接头系数。

根据《CO_2驱油田注入及采出系统设计规范》（SY/T 7440—2019）中对两相分离器停留时间的要求："CO_2驱采出流体气液分离器中的停留时间宜为10~30min。"结合黑46及黑79现场运行情况，充分溢出CO_2，减少对下游流程的影响，设计分离器液相停留时间为20min。

大庆油田采用双气—双液分离接转工艺。通过跟踪CO_2驱前期先导试验、扩大试验，发现常规接转站工艺无法满足生产需要。主要原因在于，采出流体气液比间歇性过高，而且伴生气中CO_2含量通常在90%以上，造成节流、捕雾、过滤等产生压降的生产环节极易发生冻堵，例如分离器捕雾网冻堵、集气包进口冻堵等现象，严重影响生产；同时存在原油发泡严重、油井间歇性出现气段塞等问题。因此，研发了双气—双液分离接转工艺，工艺流程如图 4-9 所示。

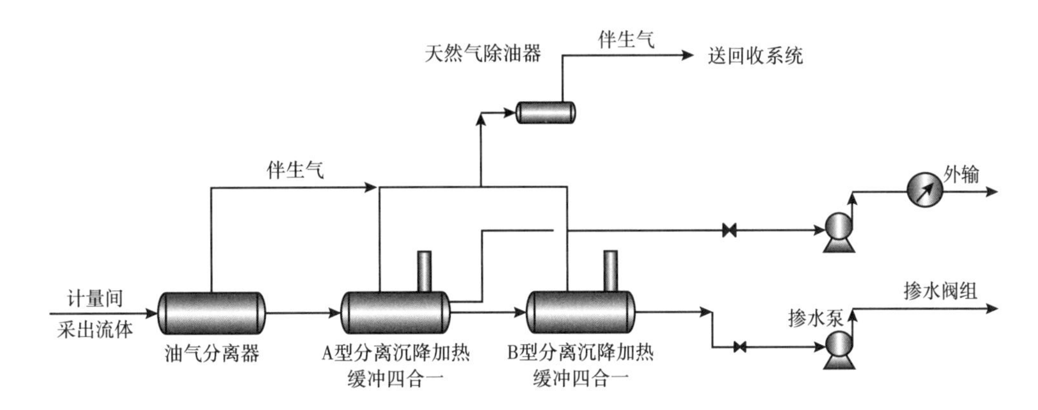

图 4-9　双气—双液分离接转工艺流程示意图

该工艺具有以下特点：

（1）含 CO_2 的油气水三相介质混输至接转站，先进入气液分离器，进行气液一级分离，分离出来的气相经由分气包内的捕雾器由气相出口流出输至天然气干燥除油器。气液分离器入口处设置拉西环式填料函，可以大幅度消除高含 CO_2 伴生气对原油的发泡效应，提高气液分离效率；分气包和捕雾元件尺寸根据分离出来的气相表观速度个性化设计，提高分离出来的气相（湿伴生气）品质。

（2）气液一级分离环节分离出的液相进入 A 型分离沉降加热缓冲组合装置进行一级加热三相分离。在 A 型分离沉降加热缓冲组合装置中，含气液相在分离沉降加热段被加热的同时，介质中的气液相沉降分离，气相经由分气包内的捕雾器由气相出口流出输至天然气干燥除油器，温度升高后的液相介质进入游离水脱除段和缓冲段，最后低含水油由油相出口流出经外输泵加压后输往下游处理站，含油污水由水相出口流至 B 型分离沉降加热缓冲组合装置。

（3）一级加热三相分离环节分离出的含油污水进入 B 型分离沉降加热缓冲组合装置进行掺水二级加热两相分离。在 B 型分离沉降加热缓冲组合装置中，含气含油污水在分离沉降加热段被加热的同时，介质中的气液相沉降分离，气相经由分气包内的捕雾器由气相出口流出输至天然气干燥除油器，温度升高后的液相介质进入缓冲段，缓冲后含油污水由液相出口经掺水泵加压后输至所辖集油阀组间为站外集油提供掺水。

（4）液相采取一级加热三相分离和掺水二级加热两相分离两级加热分离方式，大幅度提高了分离出来的液相（低含水油和含油污水）品质，同时还大幅度降低了下游液相处理工艺由于液中带气带来的生产波动，保障了脱水等处理设备平稳运行。此外，采用二级加热，低含水油加热到外输所需温度即被输送至下游脱水处理站，含油污水继续被加热到掺水温度再被输送至所辖集油阀组间为站外集油提供掺水，实现了能量最优利用，既节能又减排。

（5）气液分离器：A 型分离沉降加热缓冲组合装置和 B 型分离沉降加热缓冲组合装置分离出来的气相都被管输至天然气干燥除油器进行气相二级分离。在天然气干燥除油器中，含油、含水湿伴生气先经过设置在容器上方裸露于环境中的光管干燥段降温，同时气中的水蒸气和轻烃类冷凝析出；气相携带着液滴进入除油段经过聚结分离、重力分离、过滤分离，气相由分气包流出至天然气外输管线输至天然气处理厂统一集中处理，液相由液相出口流出输至 A 型分离沉降加热缓冲组合装置中的缓冲段。

（6）CO_2 驱双气—双液分离接转工艺采用多功能组合装置，用 1 台处理设备取代了常规流程中的三相分离器、加热炉、游离水脱除器、缓冲罐等多台处理设备，可大幅度简化工艺流程，降低工程建设投资，减少操控点，降低操作人员工作劳动强度。

榆树林油田 CO_2 驱工业化试验区树 16 接转站，处理能力 1700t/d，采用双气—双液分离接转工艺，2015 年 7 月投产，系统运行平稳，各工艺环节运行参数满足试验需要。

海拉尔油田 CO_2 驱工业化试验区贝 14 接转站，处理能力 3400t/d，采用双气—双液分离接转工艺，2016 年 7 月投产，系统运行平稳，各工艺环节运行参数满足试验需要。

3.CO_2 驱油气计量方法

原油生产计量工作涉及生产的各方面，是生产及控制的基础。单井计量指对单井所生产的液量、油量和生产气量的测定，它是原油生产的首次计量，也是最基础的一项工作。目前油田普遍采用的计量方式有两相分离仪表计量、称重式计量、旋流分离计量、功图法计量、完全不分离多相计量、部分分离多相流计量、活塞驱动容积式计量、活动计量车、齿轮流量计、多通阀选井油气分离后计量技术、质量流量计和容积式流量计。

1）称重式计量

称重式计量又称作翻斗式计量，其测量原理是翻斗称重。目前翻斗流量计可以分为立式翻斗流量计和卧式翻斗流量计。立式和卧式翻斗流量计的选择标准在相关文献中提及，当产气量大于 2000m^3/d 时，选用卧式翻斗流量计；当产气量小于 2000m^3/d 时，选用立式翻斗计量。

该装置主要是由两相计量分离器、计量翻斗、液面控制机构及电信号计数器四部分组成。

（1）翻斗流量计的工作原理。

翻斗流量计是利用计量斗内装有液体后，由于翻斗重心位移失去平衡而翻转的原理制成，如图 4-10 所示。当计量翻斗为空斗时，其重心在中心隔板的一定高度 A 处。空斗产生的重力为 G_1，距支点 O 垂直距离为 L，这时空斗之扭矩 $M_1=G_1L$。

当计量斗内盛有液体后，其重心在三角形容器的垂直平分面的一个点 B 上，该点对支点 O 的垂直距离为 l。当斗内液体产生的重力为 G_2 时，其扭矩 $M_2=G_2l$；当 $M_2 \geqslant M_1+M_0$，计量翻斗即自行翻转（M_0 为摩擦力矩）[6]。

油井产出液经分离器分离后，经漏斗流入翻斗内，当斗内质量达到一定时，翻斗翻转排油，同时另外一个斗内进液；当斗内质量达到一定量，翻斗再翻转排液，如此反复进行可连续量油。翻斗每翻转一次，记录器记录一次。被翻斗计量过的液体积聚在分离器的底部，液体通过浮球阀控制排放。被分离出来的气体经分离器上方排出。

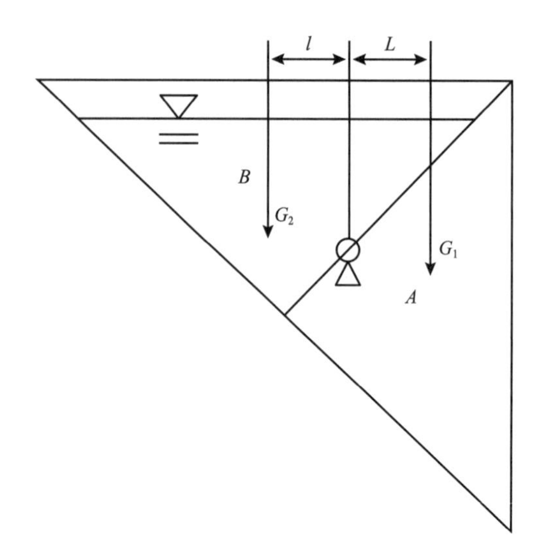

图 4-10　翻斗流量计翻转原理示意图

（2）翻斗流量计的油量计算公式。

具体的计算公式如下：

$$Q_m = 8640nm(1-w)/t \tag{4-6}$$

式中　Q_m——油井的产量，kg；

n——测量时间内翻斗翻转次数；

m——每斗液体的质量，kg；

w——含水率，%；

t——测量时间，s。

（3）翻斗流量计的系统误差。

该计量系统的误差主要来自两个方面：一是由于物料具有持续流动的特点，造成料斗翻转时有一部分物料无法被左、右料斗计量到；二是因斗内液体无法倒净，称重测量传感器带来的误差。

第一种误差也叫漏失误差，这种误差与翻斗的翻转速度有关联，翻转得越快，该误差就越小。对于这种误差的校正方法是乘以漏失系数，或对每斗液体质量进行多次的标定，标定的每斗液体质量要具有一定的权威性。

2）两相分离仪表计量

两相分离仪表计量指计量站来液经过计量分离器后分成气液两相，气液两相分别经各自管路进入下游汇管，并通过各种计量仪表计量数据得到气相和液相的具体流量的过程。两相分离计量系统流程图如图 4-11 所示。

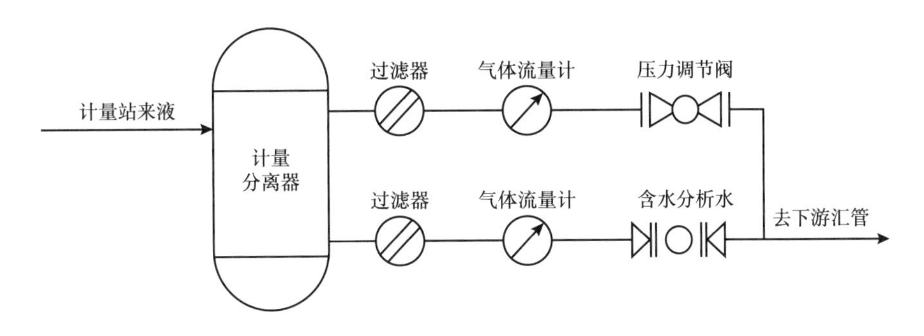

图 4-11 两相分离计量系统流程图

（1）气体计量方式。

常用的气体流量计有孔板式流量计、文丘里管、涡街流量计、超声波流量计和智能旋进旋涡流量计等[7]。常用流量计的优缺点见表 4-2。

表 4-2 常用气体计量流量计的优缺点

名称	优点	缺点
孔板式流量计	（1）适用于较大口径管道的计量（目前口径大于 DN600mm 的流量计一般只能选用孔板）；（2）无可运动部件，耐用；标准规定较全，制造相对容易，价格便宜	（1）测量范围（量程比）窄，为 3∶1，并且合理使用的流量是满量程的 30%~80%；（2）压力损失大，可达 25%~50%；（3）计量准确度受安装条件影响很大；前后直管段要求长，占地面积大；（4）计量准确度受人为因素影响大
文丘里管	永久压力损失小，要求前后直管段长度短，寿命长	流体对喉管的冲刷和磨损严重，无法保证长期测量精度，测量范围窄，一般为 3∶1~5∶1
涡街流量计	无可运动部件，在石化行业应用较广，在油气田贸易计量中也有适量应用	（1）对雷诺数有要求：$Re \geqslant 10000$；（2）国内涡街流量计大多采用应力式压电晶体检测元件，抗干扰性能差，不适合在有振动干扰的管网中应用

续表

名称	优点	缺点
智能旋进旋涡流量计	在油田的伴生气计量广泛应用，口径为 DN25mm~DN200mm	压力损失明显较大，在石油化工、城市燃气等生产环节中不允许使用
超声波流量计	（1）准确度高，可达 ±0.5%； （2）范围度宽，大口径流量计可达 100：1以上； （3）最大口径流量计可做到 1600mm 以上； （4）无可运动部件，坚固耐用，流量计可校准	只适用于中大口径，价格昂贵

（2）液体计量方式。

常用的液体流量计有差压式流量计、电磁流量计、质量流量计及容积式流量计等。

差压式流量计（简称 DPF）是根据安装于管道中流量检测件产生的差压、已知的流体条件和检测件与管道的几何尺寸来测量流量的仪表[8]。DPF 由一次装置（检测件）和二次装置（差压转换和流量显示仪表）组成。流体流经一个收缩（节流）件时，流体将被加速。这种流体的加速将使它的动能增加，而同时按照能量守恒定律，在流体被加速处它的静压力一定会降低一个相对应的值，根据压差得到管内流量。

电磁流量计是根据法拉第电磁理论发展起来的一种新型流量计，用来测量导电流体的体积流量。因其独特的测量特性，可测量酸、碱、盐等腐蚀性流体，各种易燃易爆介质、污水计量，以及石油化工、食品、医药等各种浆液计量等[9]。

电磁流量计工作原理：设在均强磁场内，垂直于磁场方向有一个直径为 D 的封闭管道，管道由不导磁材料制成，管道内壁衬挂绝缘层，如图 4-12 所示。当导电流体以平均流速在管道内流动时，则导电流体切割磁力线。根据法拉第电磁理论中的右手定则可知，在磁场与流动方向组成的平固垂直方向上将产生感应电动势，将在此方向上安装一对电极，则电极间就会产生与流速成比例的电势差，根据感应电动势求出体积流量[10]。

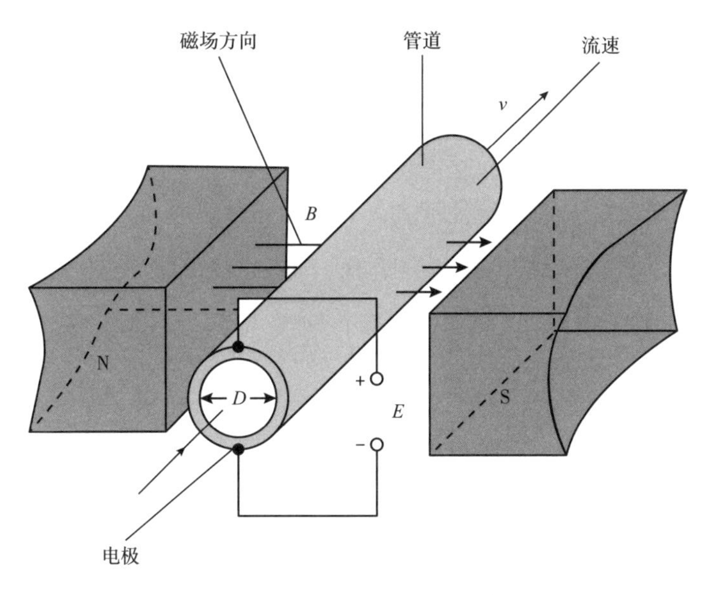

图 4-12　电磁流量计工作示意图

质量流量计是直接测量通过流量计介质的质量流量。同时也可以测量介质的密度及间接测量介质的温度。质量流量计的主要类型有热式质量流量计和科氏力质量流量计[11]。

①热式质量流量计。

热式质量流量计根据测量的原理可以分为恒功率式热式质量流量计和恒温差式热式质量流量计。

恒功率法（温度测量法）是以恒定功率为铂热电阻提供热量，使其加热到高于气体的温度，流体流动带走铂热电阻表面一部分热量，流量越大，温度降越大，测量随流体流量变化的温度，可以反映气体流量。

恒温差法（功率消耗测量法）是在测量管路中加入两只金属铂电阻，一个铂电阻加入较小的电流（电流在 4mA 以下，不会引起电阻发热），用于测量被测流体温度，称为测温电阻。另一个铂电阻通入较大电流（电流一般在 50mA 以上），用于测量被测流体的速度，称为测速电阻。根据热扩散原理，加热物体被流体带走的热量与加热物体与流体的温差、流体的流速及流体的性质有关。工作时测温电阻不断检测介质温度，测速电阻自加热到一个高于流体的恒定温度，流体流动时，由于散热测速电阻表面温度降低，测速电阻阻值发生变化，惠斯通电桥不平衡。通过由惠斯通电桥组成的反馈电路把温差反馈到处理器来增大加热器的电流（也可以是电压）来保持其温差为恒定。流体的流量与加入的电流（电压）成比例关系：流体的流量越大，为维持恒定温度差所加入的电流（电压）越大。所以可以通过实验标定出加热电流（电压）和质量流量的关系，就可以通过电流（电压）来计算出流体质量流量。

②科氏力质量流量计。

科氏力质量流量计是运用流体质量流量对振动管振荡的调制作用即科里奥利力现象为原理，以质量流量测量为目的的质量流量计，一般由传感器和变送器组成。

容积式流量计又称定排量流量计，简称 PD 流量计，在流量仪表中是精度最高的一类。它利用机械测量元件把流体连续不断地分割成单个已知的体积部分，根据测量室逐次重复地充满和排放该体积部分流体的次数来测量流体体积总量。

石油计量用的容积式流量计常用的有椭圆齿轮式、腰轮式、螺杆式、旋转活塞式、刮板式多种，不同的种类其口径、范围和适用的流体黏度也不同。现在对每一种容积式流量计的工作原理、优缺点等进行总结。

①椭圆齿轮流量计。

工作原理：安装在计量腔内的一对相互啮合的椭圆齿轮，在流体的作用下交替相互驱动，各自绕轴旋转。齿轮与壳体之间有一新月形计量室，齿轮每转一周排出 4 份固定的容积，因此由齿轮的转动次数就可以计量出流体流过的总量。其原理如图 4-13 所示。

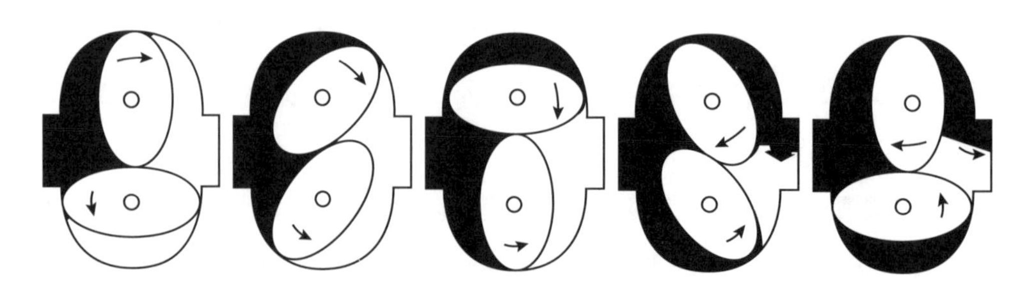

图 4-13　椭圆齿轮流量计工作原理

椭圆齿轮流量计对流体的清洁度要求较高，如果被测介质过滤不清，齿轮很容易被固体异物卡死而停止测量。其另外一个不足之处就是齿轮既作为计量之用又作为驱动之用，使用日久齿轮磨损后，齿轮与壳体之间所构成的新月形计量室容积相应增大，齿轮与壳体之间的间隙也相应增大（导致泄漏增大）。这两个因素都使得仪表表示值偏低。在仪表超负荷运行时，磨损加速，上述情况变得更加严重[12]。

对于高黏度液体，仪表的活动测量元件负荷增大。椭圆齿轮流量计为了减少液体在齿隙间挤压负荷，有时在齿轮上开若干沟槽卸荷（≥ 150mPa·s 时），大于 150mPa·s 时，则采用缺齿的椭圆齿轮。

椭圆齿轮流量计计量精度高，适用于高黏度介质流量的测量，但不适用于含有固体颗粒的流体，如果被测液体介质中夹杂有气体时，也会引起测量误差。通常椭圆齿轮流量计的精度可达 0.5 级，是一种较为准确的流量计量仪表，但是，如果使用时被测介质的流量过小，椭圆齿轮流量计仪表的泄漏误差的影响就会突出，不能再保证足够的测量精度。

②腰轮流量计。

腰轮流量计又叫罗茨流量计。在腰轮流量计中，由腰轮同壳体所组成的计量室和腰轮转数实现计量，其原理如图 4-14 所示。

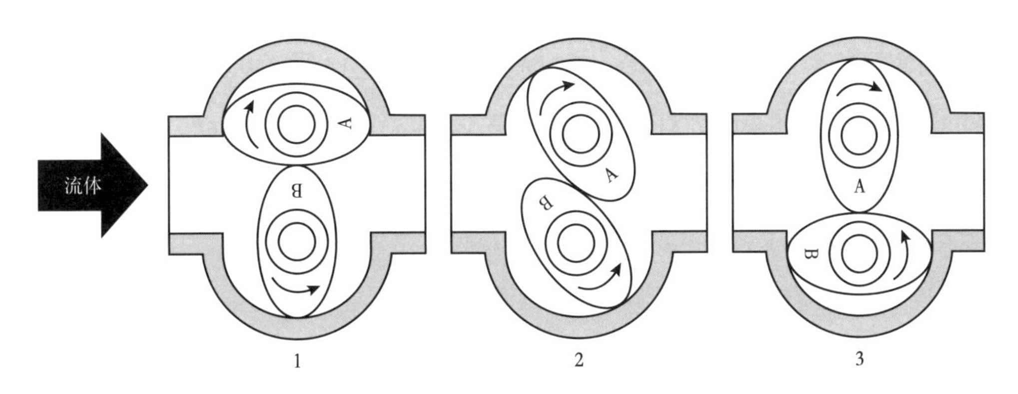

图 4-14　腰轮流量计工作原理

由于同计量精度密切相关的是腰轮，而驱动由专门的驱动齿轮担任，因此，驱动齿轮的磨损不影响计量精度。另外，根据力学关系分析，主动轮对从动轮的驱动，驱动力由驱动轮传递，两个腰轮之间无明显摩擦，所以腰轮磨损极微小，这一特点使得腰轮流量计能长期保持较高的测量精度。

流体黏度对测量误差有一定影响，与许多流量计随黏度增大而误差增大不同，腰轮流量计流体黏度增大因间隙泄漏减少而性能改善[13]。图 4-15 是液体黏度对一台腰轮流量计基本误差的影响。

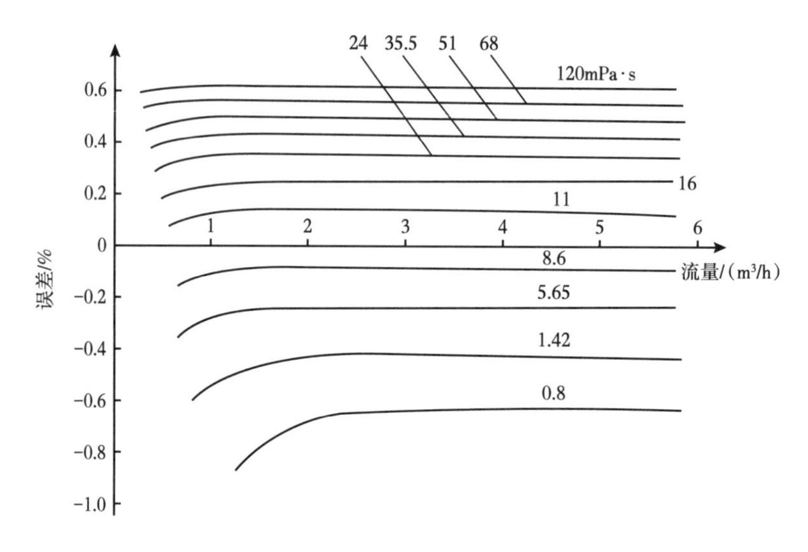

图 4-15　腰轮流量计不同黏度误差特性

从图 4-15 可以看出，在 0.8~11mPa·s 黏度范围内，黏度影响较大，黏度从 5.65mPa·s 下降到 0.8mPa·s，误差负向增大约 0.5%；在 11~51mPa·s 时，黏度对仪表误差仍有明显影响；黏度大于 51mPa·s 时，黏度对误差影响已不明显。由此可见，精度要求越高的测量，越要注意黏度带来的误差影响。

对于 0.2 级精确度容积式流量计，测量中黏度不能有很大变化，才能保证精确度。

腰轮流量计选型时要根据被测流体的性质及流动情况确定流量取样装置的方式和测量仪表的型式和规格，选型要完全符合工艺提供的仪表条件，考虑精度等级和经济性，考虑测量的安全。

③螺杆式流量计。

螺杆式流量计也称为双螺旋流量计和双转子流量计，其典型结构如图 4-16 所示。它是由两个以径向螺旋线间隔套装的螺旋状转子组成，当液体从正方向流经转子时带动转子，转子与测量室壳体将流入的液体分割成已知的液块并排出，液体流量与转子的转数成正比。螺杆式流量计具有椭圆齿轮流量计、腰轮流量计等的高精确度的优点，但消除了椭圆齿轮、腰轮流量计等流量脉动和噪声大的缺点。

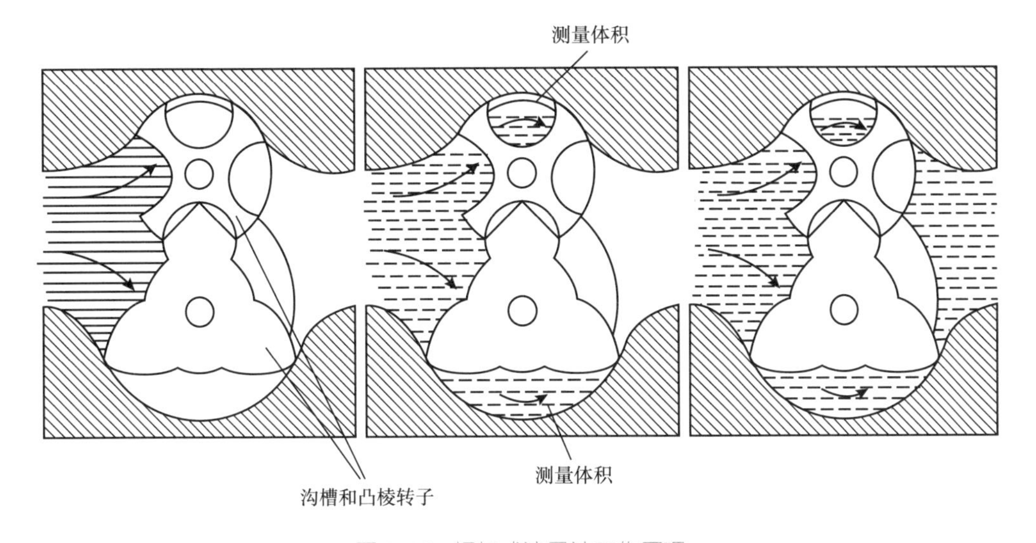

图 4-16　螺杆式流量计工作原理

由于特殊设计的螺旋转子，使得转子转矩一定，等速回转，等流量，无脉动，无噪声。

由于一对转子排量大，所以相同流量上限的仪表，螺杆式流量计体积小得多，重量也轻。

范围度宽，最大可达 300：1。但当液体黏度很高（＞100mPa·s）时，因流量上限受仪表两端差压制约，范围度有一定程度下降。

④旋转活塞式流量计。

旋转活塞式流量计属于容积式流量计，活塞与计量室一直保持相切密封状态。并有一个固定的偏心距计量元件活塞，在压差的作用下，对活塞产生转动力矩，使活塞做偏心旋转运动，活塞的转数正比于流体的流量，通过计数机构记录出活塞转数比，即可测得流体总流量。其工作原理如图 4-17 所示。

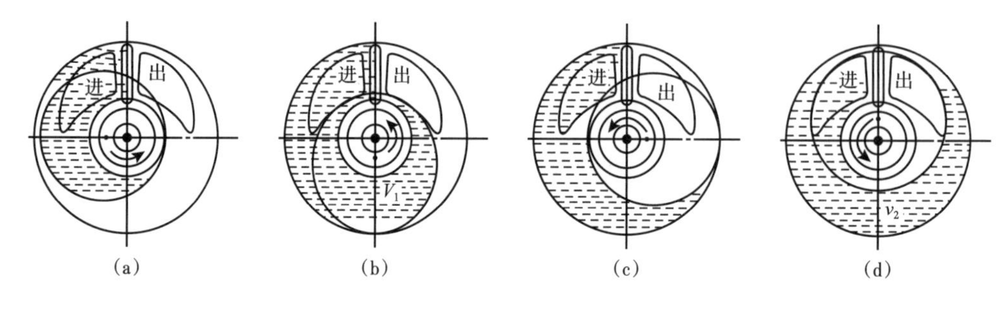

图 4-17　旋转活塞式流量计工作原理

其显著的特点是其最大、最小流量比相同口径的其他容积式流量计都小。旋转活塞式流量计具有结构简单，工作可靠，测量范围大，测量精度高，不受黏度影响，可带电远传等优点。但由于测量部分的主要构件不耐腐蚀，因此，仅能测量无腐蚀性的介质，如重油和其他石油制品。

⑤弹性刮板式流量计。

前面所述的几种容积式流量计虽然具有较高的计量精确度，但是有一个共同的弱点，即要求流经流量计的介质相当清洁，介质中固体颗粒不得大于转子与壳体之间所存在的最小间隙，否则会造成流量计卡死或因磨损而误差显著增大。故要求在流量计的上游安装过滤器，过滤器的数目必须根据所采用的流量计合理选择。但在杂质质量较多的场合过滤器极易堵塞，需要进行频繁的清洗，使得管线无法正常输液。

弹性刮板式流量计是一种结构独特的容积式流量计，其结构如图 4-18 所示。作为计量部件的转子和刮板与计量腔为弹性接触，刮板具有很大的回弹余地。所以即使介质中含有较多杂质、固体粒度较大，也能正常工作，不会发生卡死和严重的磨损现象。与腰轮流量计相比，具有运行无脉动和噪声小的优点。但计量精确度不如腰轮流量计高，一般能做到 ±1%R。

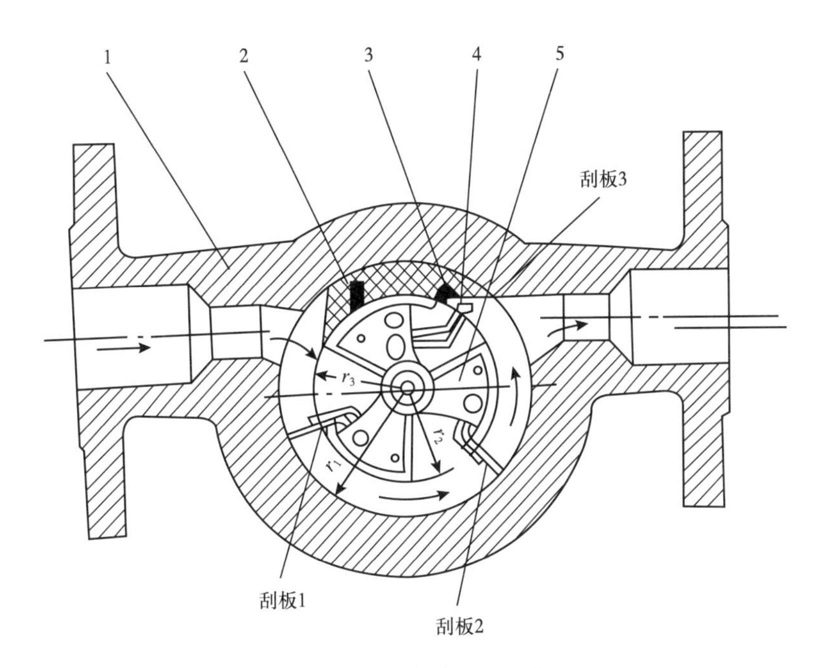

图 4-18 弹性刮板流量计工作原理

1—壳体；2—嵌条；3—挡块；4—刮板；5—转子

常用流量计的优缺点见表 4-3。

表 4-3 常用液体计量流量计的优缺点

名称	优点	缺点
差压式流量计	结构简单，工作可靠，安装方便，维修容易；具有一定准确度，能在误差范围内满足测量需求；无转动部件、机械磨损小、无其他流量计因压差造成的漏失量；设计加工已达成标准化，无需标定即可在一定准确度范围内进行测量	计量范围窄，由于流量系数与雷诺数有关，一般范围度仅 3 ∶ 1~4 ∶ 1；有较长的直管段长度要求，一般难于满足，尤其对较大管径，问题更加突出；压力损失大
电磁流量计	传感器结构简单，压力损失小；可测量各种脏污介质、腐蚀性介质；测量过程不受被测介质的温度、黏度、密度及电导率（在一定范围内）的影响；流速测量范围较宽，可达 100 ∶ 1，有的甚至达到 1000 ∶ 1	易受外界电磁干扰的影响；不能用于测量高温介质，并且为了防止测量管外结露（结霜）破坏绝缘，所使用材料未经处理亦不能测量低温介质；不能测量电导率很低的介质，如石油制品或有机溶剂等

续表

名称	优点	缺点
质量流量计	测量准确度高、性能稳定，计量准确度可达±0.2%~±0.4%；由于测量时不接触被测流体，介质适应性较好；不必苛求较长直管段；量程范围较大，一般可做到 10∶1~50∶1，有的高达 100∶1；可进行多参数测量，在测量质量流量时，还可测量流体密度、体积流量等	不能测量介质密度较低的流体，如低压气体或气液两相流体；对外界振动较敏感，安装和固定有较高要求；出于测量方法及结构限制，不能用于大口径流量测量；价格昂贵，一般为同口径电磁流量计的 3~5 倍；双管型流量计体积和重量较大，压损也大
容积式流量计	计量精度高；安装管道条件对计量精度没有影响；可用于高黏度液体的测量；范围度宽；直读式仪表无需外部能源可直接获得累计总量，清晰明了，操作简便	结构复杂，体积庞大；被测介质种类、口径、介质工作状态局限性较大；不适用于高、低温场合；大部分仪表只适用于洁净单相流体；产生噪声及振动

对于气液分离两相计量，近些年开发出了旋流分离计量装置，旋流分离计量是油井多相流进入管式旋流式分离单元预分离段，使不同流态的多相流最大范围地形成分层流后进入主分离段，由于旋流作用，在主分离段受离心力、重力、浮力共同作用形成一个旋流场，密度大的液相沿管壁流到分离器单元底部，密度小的气相沿旋流场中央上升至分离单元顶部，实现气液两相分离。分离后的气相和液相分别通过气体计量仪表、液相计量仪表单独计量。

柱状旋流分离计量（GLCC）多相流量计结构如图 4-19 所示。

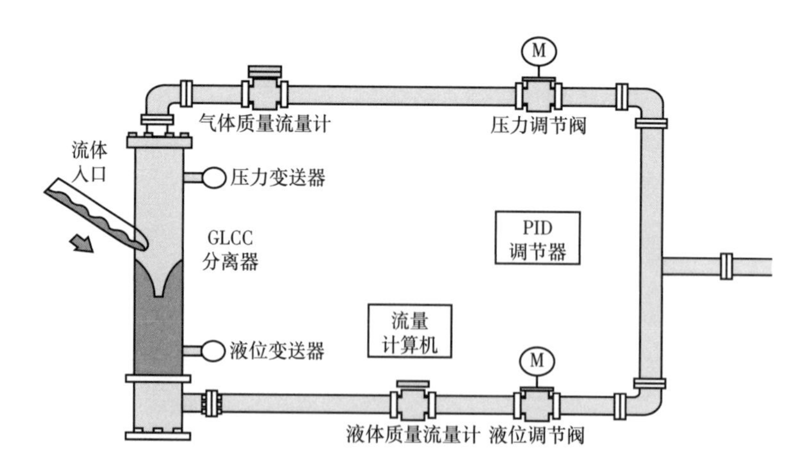

图 4-19　柱状旋流分离计量多相流量计结构

该流量计具有如下技术优点：

高效分离，体积小，尺寸仅是传统卧式分离器的 1/10，是立式分离器的 1/4；

处理范围宽，量程比大，气液两相的质量比为 0~100%，处理能力波动范围可达 20%~200%；

液相中气泡夹带和气相中液滴夹带少，分离效果好于传统三相卧式分离器；

适用范围宽，能适用于沙漠、陆地、海洋等不同区域的各油气田，对介质的限定条件少，具有很好的推广应用前景；

生命周期长达 15~20 年以上，维护简单，仅需局部改造或无需改造即可循环使用。

该装置在石油工业计量测试研究所（国家级多相流计量装置标定单位）进行了标定，结论如下，GLCC 多相流量计量装置在液流量 20~200m^3/d、气流量 150~300m^3/d、含水率 30%~100% 范围内的计量准确度为：液相计量准确度为 ±3%；气相计量准确度为 ±10%；含水率计量准确度为 ±2%。

3）功图法计量

功图法计量是根据油井在不同产油量、井深时，功图曲线具有不同的特征，通过传感器采集油井与位移数据，将地面示功图应用杆柱、液柱和有关三维模型，同时考虑杆柱组合、油气比、出砂、油品性质等边界条件求解，得到井下泵功图，然后应用泵功图识别技术计算油井产液量。

其中的技术关键是通过建立有杆泵抽油数学模型，借助计算机自动诊断系统成功实现对泵功图的获取与识别，计算出产液量，并且实现对泵功图故障正确诊断。功图量油技术的井口安装示意图和系统的示意图如图 4-20 所示。

功图法计量技术适合稀油、气油比小的油井，对稠油和气油比高的油井计量误差较大。通过对示功图计算软件进行修正，高气油比油井计量误差也可以满足要求。对于高气油比，示功图计量软件进行修正，修正后的软件计量结果可以满足计量误差 10% 的要求。当气液比在 200m^3/t 以下时，采用功图法的计量误差满足要求；当气液比接近 500m³/t 时，计量误差超过 20%。

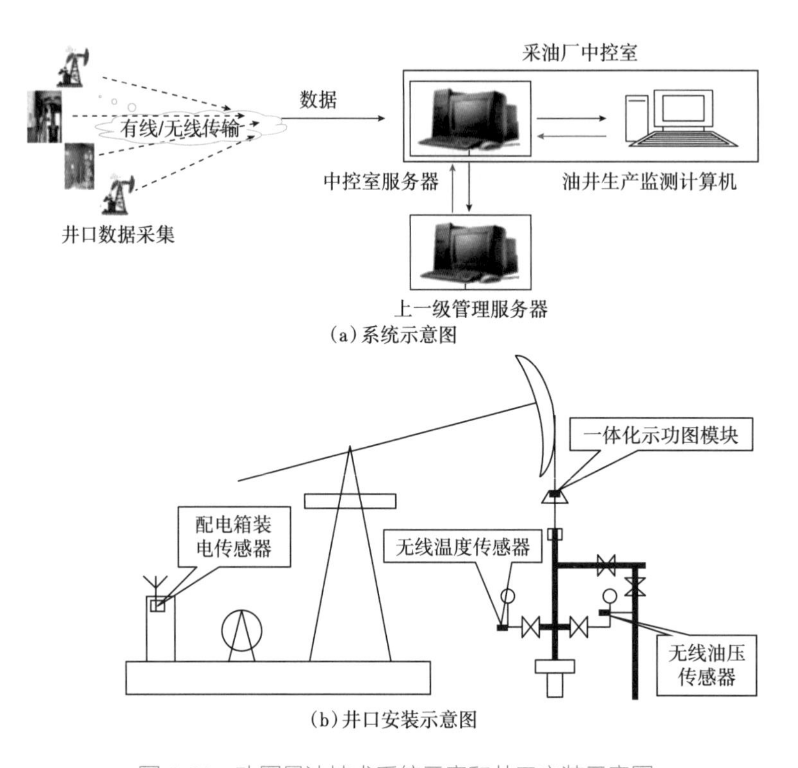

图 4-20　功图量油技术系统示意和井口安装示意图

采用功图法计量，包括数据采集终端 RTU 和温度、位移、载荷、电量等传感器，终端处理系统价格较高。当应用井数量少时，经济可行性较差。老区内加密井、油区扩边井数较少时，因软件、计算机等需一定的投资，分摊到每口井，则单井投资高。

4）完全不分离多相计量

不分离式多相流量计是在不对井采出液作任何分离的情况下实现油气水三相计量，是多相流量计发展的主要方向。其技术难度主要体现在油气水三相组分含量及各相流速的测定。目前，相流速测量技术主要有混合 + 压差法、正排量法和互相关技术，其中互相关技术应用最多，即沿多相流管道相隔一定距离布置 2 个特性相同的传感器，分别检验多相流相分率和相空间分布等变化的随机流动噪声信号。根据相关技术确定上下游噪声信号的渡越时间，即可求得相关速度。多相流相分率及压力信号可作为流动噪声信号进行相关处理。已开发的多相流量计中有一半以上采用互相关技术。组分百分数计量的主要技术有微波技术、核能技术，以及采用电容、电感传感器测量流体电解质等。

各个国家都大力发展该流量计，现在使用较多的不分离流量计主要有挪威Framo公司的海默多相流量计、AEA技术公司的脉冲式多相流量计、ISA公司的Flowsys多相流量计、Multi-Fluid公司的LP型多相流量计、Fluenta公司的MPFM 1900型系列多相流量计、AGAR公司的301型多相流量计等。

海默多相流量计的计量原理如图4-21所示。利用一双能γ束（其中包含能量不同的两种γ光子）穿过被测介质，然后分别测量两种能量光子的强度。可以计算出流体内部各个组分之间的比例关系，从而测量出油、气、水的产量。实现油气水三相不分离状态下油井的油、气、水产量及油井日平均含水率、混合液密度、油气比等连续、在线和自动计量。适用于直接安装在陆地或海洋平台的油气集输管线上。

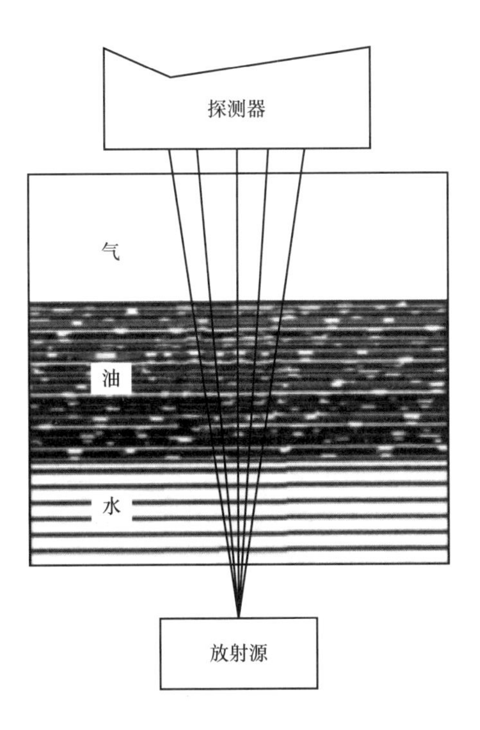

图4-21 海默多相流量计原理

海默多相流量计的含水测量误差为 ±2%，油水测量误差为 ±10%，产气量测量误差是 ±15%；适用范围：气液比 30~300m^3/t，产气量在 3000~30000m^3/d，含水率 0~50%。

AEA 技术公司的脉冲式多相流量计的测量原理：采用一个脉冲中子束对通过管线的氢原子、碳原子和氧原子进行计数，以此测量出气体、液体和固体的体积。混合物中含水量通过对氯原子的计数求得。辐射短脉“触激”氧原子，同时计量以此测出混合物的流速。将两种测量结果相结合便可精确地计算出管线内的流量。特点：该流量计安装在管线的外侧，不会对管线内的混合物产生干扰。

ISA 公司的 Flowsys 多相流量计的测量原理如图 4-22 所示：（1）电容或电导传感器。对于油连续相混合液，采用电容传感器测量乳化油的介电常数；对于水连续相混合液，采用电导传感器测量水的电导率，用以确定含水率。（2）电容、电导构成的互相关仪在文丘里喉侧的电极为一对，由其测得的互相关信号确定流体流速。（3）扩展喉部的文丘里流量计，通过文丘里的动量方程间接求得流体密度。（4）压力和温度传感器，测量的压力、温度值用于油气 PVT 运算。适用范围：（1）操作范围：含水率（WLR）为 0~100%，含气率（GVF）为 0~97%；（2）测量精度（置信水平 90%）：取决于工况含气率（GVF），给出的测量精度指标是以 GVF 划分。含水率适用于 0~100% 范围内。

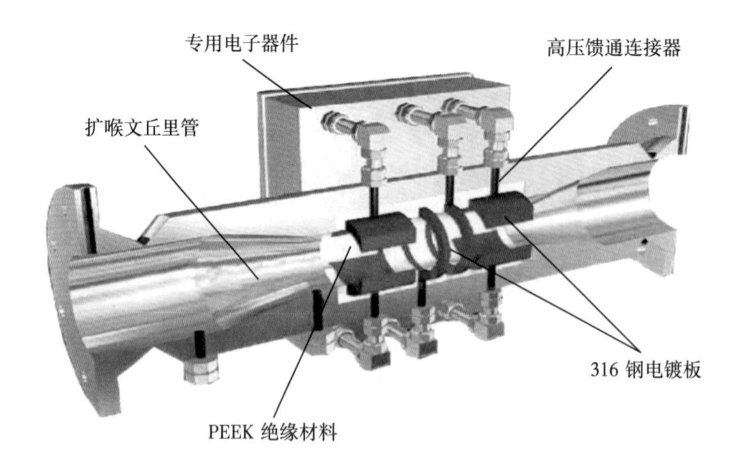

图 4-22　Flowsys 多相流量计的结构图

Multi-Fluid 公司的 LP 型多相流量计的测量原理：LP 型多相流量计由互相独立的组分测定仪和流速测定仪组成，如图 4-23 所示。组分测定仪采用微波技术测量原井液的介电性质（介电常数和电导率），用传统的射线密度计测多相流密度，以此测定油气水的瞬时体积百分含量。流速测定仪利用相关技术测量多相流的流速，用微波技术在 2 个距离已知的截面测量多相流的平均时间求得流速。根据上述测得的数据可获得油气水的瞬时体积流量或质量流量。这种多相流量计仅用于流速大于 3m/s 的泡沫流，计量条件为含气率 0~100% ，含油率 0~100%，含水率 0~50%。

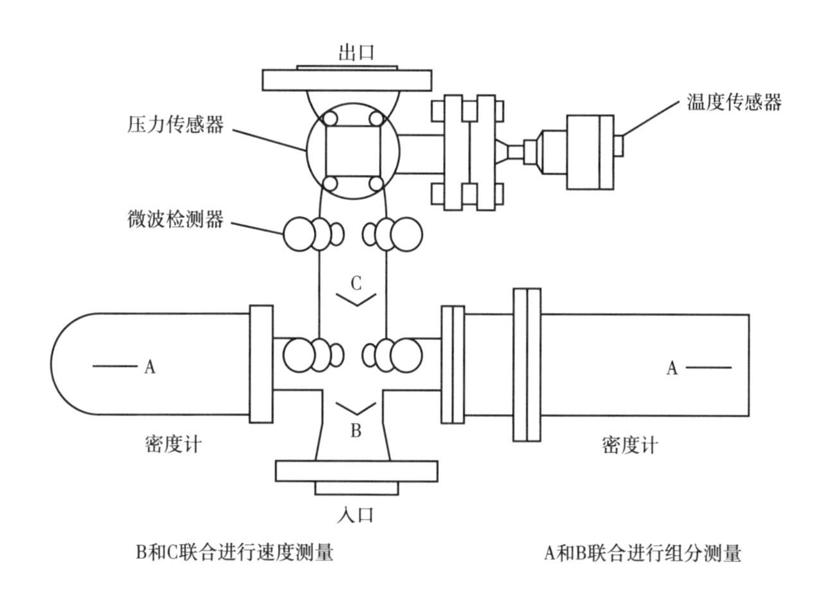

图 4-23 LP 型多相流量计

Fluenta 公司的 MPFM1900 型多相流量计的测量原理：MPFM1900 型多相流量计由测量流体介电常数（电容率）及气液各相流速的电容传感器和传感器电子计、测量流体密度的伽马射线密度计、执行数据分析的计算机及将传感器电子计和伽马射线密度计连接至计算机的电缆等组成。流量计量分测量各相百分数和测量总流量两部分。采用多相组分流量计测量油气水各相的百分数，再测量各相流速，求得各相流量。MPFM1900 型多相流量计采用相关法测定气液两相的流速。传感器配备两排大小不同、排列不均的电极，通过电极获得相关信息计算流体中大小两种气泡的流速，较大气泡的流速为气相流速，较小气泡的流速则为液相流速。MPFM1900 型多相流量计计量段长约 560 mm，质量为 200kg，可计量 0~80% 原油含水率和 0~90% 的含气率，其计量精度为油气水总流量的 ±5%~±10%。

气液两相质量流量计如图 4-24 所示。其测量原理：采用科氏力原理测量气液分相流量，如图 4-25 所示，流量传感器检测混合流量、混合密度和温度，压力变送器采集压力值，通过预先设定的气相组分和液相物性参数分析气液分相比例与数据库结合计算出气液分相流量。

图 4-24　气液两相质量流量计

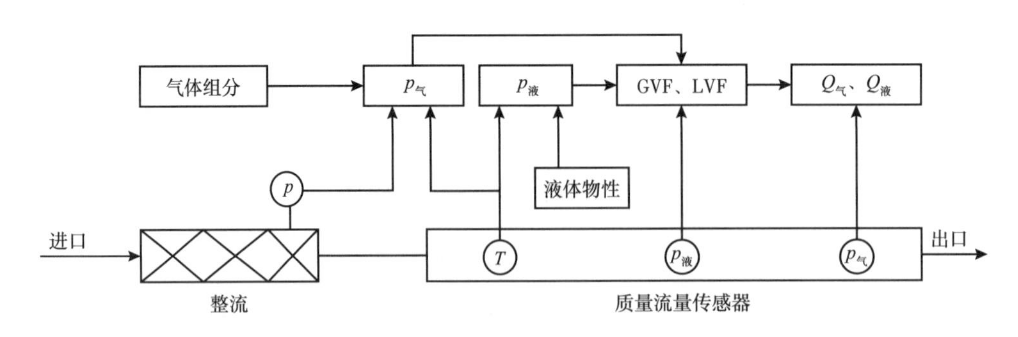

图 4-25　质量流量计两相计量原理

特点：可测量高黏介质；可测量任意体积比的气液两相流量；最高工作压力小于 20MPa；可测量程比为 1∶30。

目前，由于技术水平的限制，不分离多相流量计尚存在一些问题。

（1）现有的大多数多相流量计都需要测量若干数据后，再根据这些数据计算出各相的流量，使计量精度受到很大影响，目前市场上大多数多相流量计在大部分流态下各相测量误差为 ±10%。

（2）要求掌握流体的特性，如介电常数、质量吸收系数等，才能比较精确地计量。如果流体特性出现变化，必须频繁地评价和标定多相流量计的传感器。

（3）流量计结构紧凑，可以小型化，但计量技术难度大，主要体现在各相组分及流速的测定上。采用电容、电感技术的多相流量计，其局限性是只能在连续相乳化液的流型中使用，含水率一般不能超过 50 %，而且各公司开发的流量计都只能限于特定的流态，如果流动中某些必要的特征不存在时，其测量精度常常出现很大变化。

（4）不分离多相流量计普遍采用微波等辐射源，而有关法规对使用辐射源有严格的限制。

5）活动计量车计量

计量车量油是采用车载称重式计量，受罐容积限制，该计量车对于高产液井无法计量。当计量时，先对罐自身进行称重，记录下称重显示控制器上的数据，将井口放气阀门与计量车进口软管相连，关闭单井生产阀门，并打开放气阀门，开始计时，一段时间后，停止计时，并再次记录称重显示控制器上的数据，两次数据差即为该段时间内的产液量。

优点：应用灵活，适合于单井产量较低、油井分散、距离较远的油区使用，产液量计量精度相对较高。

缺点：适用于低产液单井，不能长时间连续量油，且无法计量产气量。另外，该装置采用人工方式控制计量罐与井口压力的平衡，不能实现精确计量。

6）计量案例——吉林油田单井产液、产气计量

吉林油田单井产液、产气计量条件如表 4-4 和表 4-5 所示。原油含水率为 38.5%~97.7%，平均含水率 85.3%，气液比为 19.0~3350m^3/t，平均气液比为 392.7m^3/t，采出的伴生气中，CO_2 体积分数达到 40%~80%。

表 4-4　吉林油田单井产液计量条件

项目	数值
质量流量 /（t/d）	1.1~18.7
最大流量与最小流量的比值	17∶1
温度 /℃	38~45
压力 /MPa	0.6~0.9
计量误差	±12% 以内

表 4-5　吉林油田单井产气计量条件

项目	数值
体积流量 /（m^3/d）	10~3836.6（0.4167~159.9m^3/h）
最大流量与最小流量的比值	384∶1
温度 /℃	38~45
压力 /MPa	0.6~0.9
精确度	±12% 以内

根据表 4-4，单井产液温度为 38~45℃，原油黏度约为 15~28mPa·s。

测定 CO_2 在吉林油田黑 59 区块油中的溶解度，分别是在集输温度（40~60℃）和压力（1~20bar）范围内，CO_2 在黑 59 原油和水中的溶解度曲线。在相同温度压力条件下，CO_2 在油中的溶解度约为其在水中溶解度的两倍，在开采过程中，CO_2 大量溶解于原油中，当压力变化时，溶解于原油中的 CO_2 会发生解吸。

图 4-26 为 50℃ 条件下，含饱和 CO_2 原油由 0.55MPa 降至大气压时，CO_2 气体解吸速率和解吸百分比随时间的变化关系。由图 4-26 中可以看出，随着时

间的增加，解吸速率逐渐减小；在解吸的初始阶段，会有大量的气泡产生。CO_2驱采出液中，随着压力、温度变化，CO_2会发生相变，使得采出液物性条件不稳定[14]。

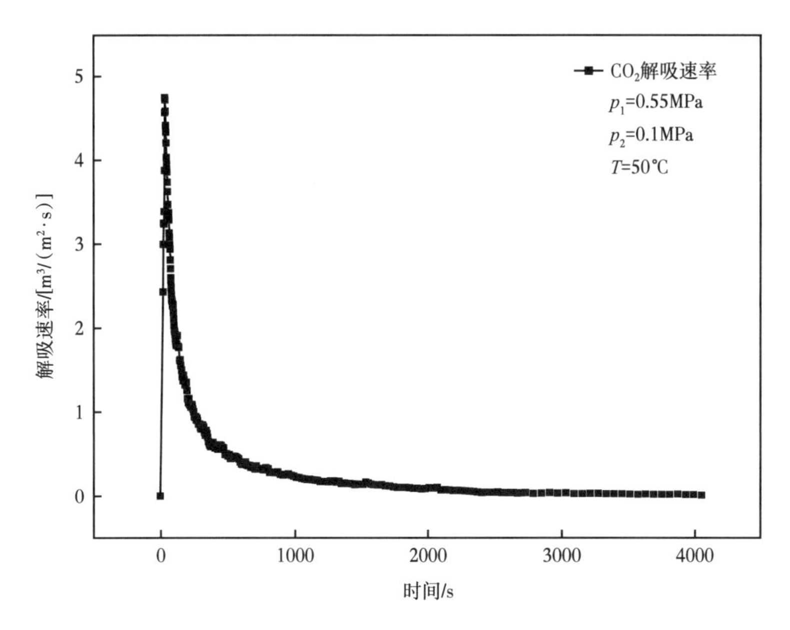

图 4-26　气体解吸速率随时间的变化

4. 计量方法优选

1) 选择依据

(1) 功能要求。

根据生产现场的实际要求来确定是测量瞬时流量还是累积流量。一般来讲计量累积流量的仪表精确性要求更高，更加准确；但测量瞬时流量的仪表更容易实现过程控制，在精度要求不高的情况下也可以利用瞬时流量辅以积算功能来积算累积流量。

(2) 精确度。

一般在计量工作中，不仅要考虑流量检测和误差的问题，更需要考虑信号传输、控制调节、执行操作等具体情况下的各种影响因素。例如执行操作过程中往往有 2.0% 的回差存在，此时对测量仪表确定过高的精度则显得不合理和不经济。比较不同型号和厂家生产的仪表性能时，要注意误差的百分率是引用误差（测量上限值或量程，%FS）还是相对误差（测量值，%R）。如说明书上未标明，则一般情况下是测量上限值的误差。如标记出 %R 则说明更加精确，性能更优。

（3）量程范围。

正确地选择仪表的规格，也是保证仪表使用寿命和准确度的重要一环。应特别注意静压及耐温的选择。仪表的静压即耐压程度，它应稍大于被测介质的工作压力，一般取 1.25 倍，以保证不发生泄漏或意外。量程范围的选择，主要是仪表刻度上限的选择。选择范围较小，易过载，损坏仪表；选择范围较大，有碍于测量的准确性。一般选实际运行中最大流量值的 1.2~1.3 倍。

（4）流体温度和压力。

测量过程中，很有可能因为温度和压力的变化造成密度的变化而选用不同的测量方法或根据其影响程度辅以修正值。同时还要注意给出的参数是在标准状况还是实际工况下，如是标况下，应进行换算。

（5）能量损失。

安装在生产管道上长期运行的接触式仪表，还应考虑流量测量元件所造成的能量损失。应充分考虑工艺管线中的流量及允许的压损；传感器在允许压损条件下是否满足测量准确度的要求等。一般情况下，在同一生产管道中不应选用多个压损较大的测量元件，如节流元件等。

（6）经济投入。

经济方面是现场生产中最重要的考虑环节，不仅包括前期投资，更有后期维护、运行管理方面的费用。一般包括：安装费用、运行费用、校验费用、维护费用、备用件可置购性与费用、售后服务等。

2）计量方法比选

通过对目前油田采用的计量方法进行大量的调研和咨询相关专家，总结了各种单井计量方法的计量原理及优缺点情况，见表 4-6。

表 4-6 单井计量方法对比

对比内容	计量原理	计量精度	优点	缺点
称重式计量	翻斗称重	＜10%	体积小、流程简单、方便管理、计量准确、投资少，可实现在线连续计量	翻斗称重无法对产气量进行计量； 翻斗轴承易磨损，出现计量不准、翻斗不翻的现象
两相分离仪表计量	容器分离，气、液相单独计量	＜10%	可同时实现油、气产量的同时计量，工作稳定，计量精度高	
功图法计量	功图量油	＜15%	自动化程度高，实现了油井生产的动态监测，为井筒优化管理提供可靠的第一手数据	应用于高气油比油井计量时误差较大；价格昂贵
完全不分离多相计量	电容、电感技术、γ 射线衰减原理	＜10%	可实现在线多相测量，取消了计量用分离器、计量管线及计量汇管，节约油田投资，缩短测井时间	采用微波等辐射源；不分离计量，要求计量流体物性条件稳定
活动计量车计量	车载称重	＜10%	应用灵活，适合于单井产量较低、油井分散、距离较远的油井使用；采用快速接头，计量结束后将原油再打回到管汇流程中，操作过程无油污泄漏，不污染井场	适用于低产液单井，不能长时间连续量油，且无法计量产气量； 采用人工方式控制计量罐与井口压力的平衡，不能实现精确控制
质量流量计两相计量	科氏力原理	＜10%	可用于任意体积比的气液两相计量；可用于含沙工况环境；体积小、重量轻，适用于固定或移动式计量	不分离计量，要求计量流体物性条件稳定

由表 4-6 可以看出，活动计量车无法对产气量进行计量；称重式计量（翻斗计量）也只能对液体计量，需要配合气液分离器使用，气相进行单独的计量，且翻斗的轴承易磨损，造成漏失误差增大，影响计量精度；功图法计量适用于低气液比的计量，当气液比高于 200m^3/t 时，计量误差较大；完全不分离多相计量方法要求稳定的流体物性条件，而 CO_2 驱采出液的物性由于 CO_2 的溶解和解吸变得不稳定，在温度压力变化时，CO_2 发生相变，干扰计量，同样，对于质

量流量计两相计量，不稳定的物性影响其计量精度。

黑 59 区块先导试验中单井计量采用常规翻斗计量，出现了分离精度不够、气中带液、气相计量不准的问题。针对这一问题，在黑 79 区块扩大试验的单井计量上采用分离器加仪表计量组合方式。单井产液进入计量分离器，分离出的气液相分别采用计量仪表计量，解决了黑 59 区块出现的气液计量问题。

但由于单井产液量较低，分离器的液位控制难度增大，液位参与计量后工人计量的难度加大。通过对已建的黑 59 区块翻斗计量方法及黑 79 区块分离器＋流量计计量方法进行现场跟踪和数据分析，吸收黑 59 区块计量方法液相计量方便操作，黑 79 区块计量方法气相计量准确、适应性强的优点，设计了卧式翻斗计量、三相计量和立式大翻斗计量 3 种新的计量方案，同时完成设计，进入现场试验，明确当环产气量低于 2000m^3/d 时采用立式翻斗，环产气量高于 2000m^3/d 时采用卧式翻斗计量（表 4–7）。

表 4–7　计量试验对比表

装置名称	卧式翻斗分离器	多相流质量流量仪	立式翻斗分离器
规格尺寸	ϕ1200mm×5000mm	1140mm×850mm×1100mm	ϕ800mm×2000mm
功能	环产液量、产气量计量	环产液量、产气量和综合含水率计量	环产液量计量
计量精度	±10%（液），±1%（气）	±6%（液），±10%（气），±6%（水）	±10%（液）
适应性	无限制	无限制	环产气量小于 2000m^3/d
优点	气相计量准确，适应范围广	计量功能全	建设费用低，操作简单，管理方便
缺点	建设费用略高	建设费用高	有适应条件要求

5.CO_2 驱采出液处理工艺方法

CO_2 驱采出液较水驱更为稳定、处理难度加大，破乳处理难度大于水驱，随着开采难度的加大，需要重新调整破乳剂的浓度、处理温度、处理时间，在处理工艺流程中增加新工艺措施或调整工艺参数，形成新的脱水处理工艺流程，以满足生产需求。

对于采用一段自然沉降＋三段热化学沉降脱水工艺的联合站，联合站脱水处理流程如图4-27所示。针对CO_2驱采出液的处理工艺，可增加沉降罐的容量，确保采出液在罐内的停留时间在5d以上，此外，可以通过升高脱水炉温度及增加破乳剂用量的方法来处理CO_2驱采出液；针对更难处理的采出液，可以采取化学沉降＋电脱水破乳的方式，达到预期要求。考虑挥发性有机物（VOCs）治理，推荐工艺流程应密闭。

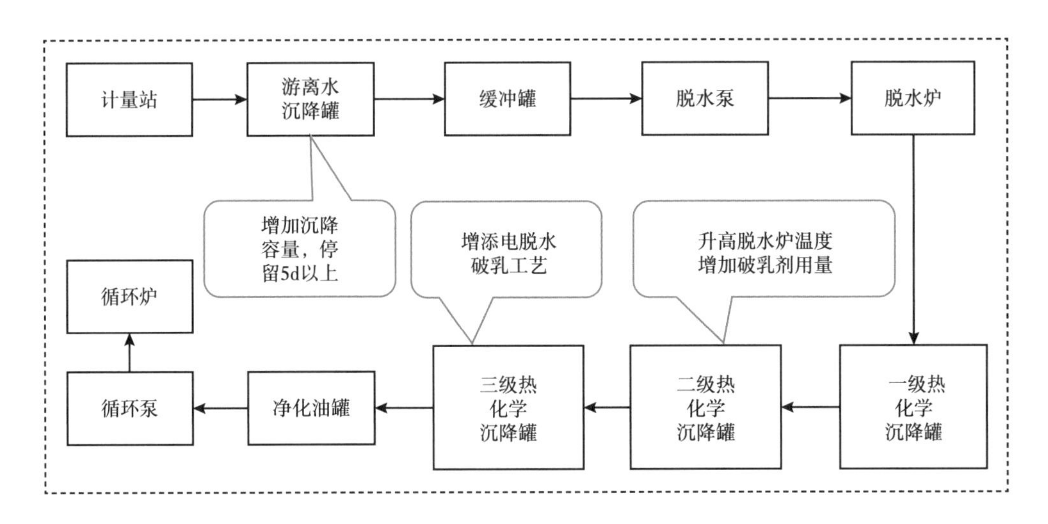

图4-27　联合站脱水流程图以及改进措施

二、采出水处理技术

由于CO_2驱采出液处理难度大于水驱采出液。因此，提出改进意见并建立新的污水处理工艺流程（图4-28）。

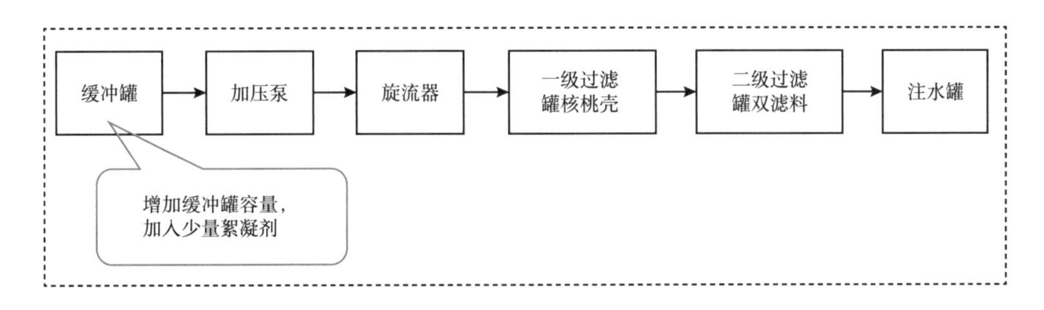

图4-28　现场污水处理流程图以及改进措施

联合站污水处理工艺通常采取“物理除油＋过滤”的方法，在未加絮凝剂的情况下污水处理基本可以达标。在该工艺流程中含油污水经缓冲罐后，进入旋流器，含油量和悬浮物含量将进一步下降，然后依次进入核桃壳过滤罐及双滤料过滤罐过滤，以进一步去除水中含油和悬浮物，过滤后的水加入杀菌剂后进入注水罐，用注水泵提升输送到注水站回注地层使用。

针对 CO_2 驱采出液的处理工艺，增加除油罐及过滤罐的容量；并加入少量的絮凝剂加速污水中油滴上浮及悬浮物的沉降，采出液处理达到预期要求。

在 CO_2 驱采出水处理的实际运行中，吉林油田 CO_2 驱采出水量仅占区块总采出水量的 10.7%，混合后的采出水 pH 值降低仅 0.1 个单位左右，大庆油田尽管 CO_2 驱采出水量的占比大，但其混合采出水 pH 值降低不会超过 1 个单位。

从实际处理效果看，无论是吉林油田还是大庆油田，CO_2 驱采出水处理，依托已建采出水处理系统，其处理后控制指标均能满足注水水质指标要求，因此可以得出结论，已建采出水处理工艺完全可以满足 CO_2 驱采出水的处理需求，也就是说 CO_2 驱采出水的处理完全可以依托已建常规水驱采出水处理系统。

通过对吉林油田和大庆油田 CO_2 试验区采出水现状及已建采出水处理工艺的适应性分析，可以得出结论，应用于水驱的常规除油、除悬浮物工艺，对处理 CO_2 驱采出水是完全适应的。针对 CO_2 驱采出水处理推荐的工艺流程也是与常规水驱采出水处理工艺流程相同的，如图 4-29 所示。

图 4-29　推荐的 CO_2 驱采出水处理工艺

至于除油和除悬浮物工艺采用哪种技术，可以结合油田自身特点及习惯，选择与之适应的处理技术。

目前吉林油田、大庆油田、长庆油田的 CO_2 驱试验及扩大试验区块的采出水处理均依托已建采出水处理系统。

1. 吉林油田

吉林油田 CO_2 驱脱出的采出水进入已建的情联采出水处理站进行处理。目前情联采出水处理站采用常规的除油、除悬浮物处理流程，即“一级气浮＋二级过滤”，处理后的采出水用于油田注水，工艺流程如图 4-30 所示。

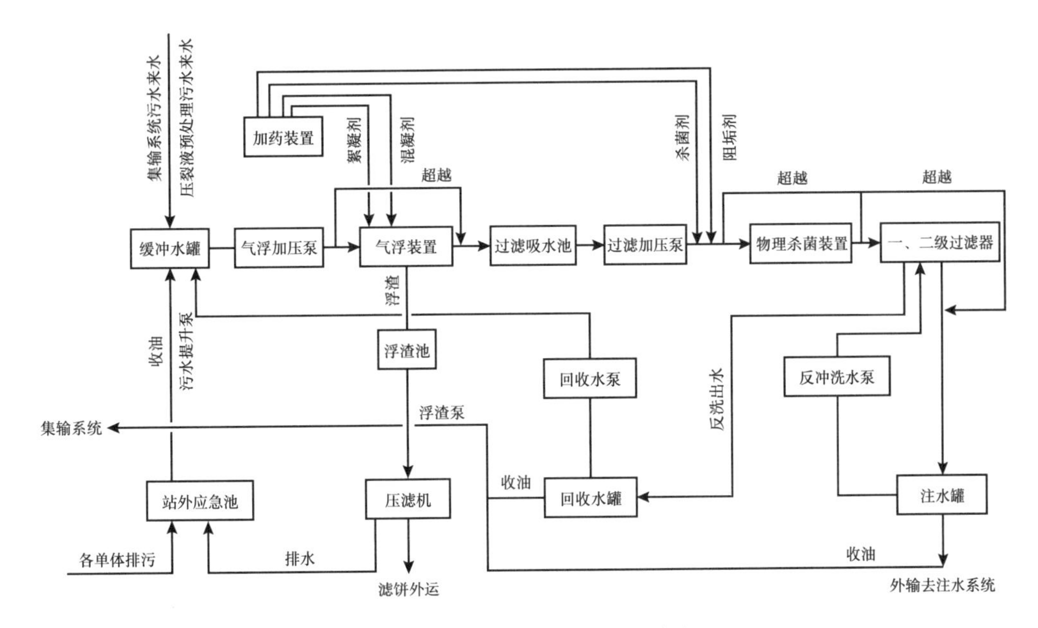

图 4-30 情联采出水处理站工艺流程

目前吉林油田情字井区块总采出水量为 $8100m^3/d$，其中 CO_2 驱试验区采出水量为 $866.7m^3/d$，仅占区块总采出水量的 10.7%。

含有 CO_2 驱试验区采出水的混合含油采出水，经情联采出水处理站处理后，出水水质指标能够满足本区块的“含油＜ 20mg/L、悬浮物＜ 20mg/L、粒径中值＜ 3μm”注水水质指标要求。

2. 大庆油田

由于大庆油田 CO_2 驱试验区产液量少，为了节约建设投资，未建独立的采出水处理系统，采出液输至附近的已建水驱脱水系统，掺混后统一处理，处理后的含油污水输至污水处理站处理。

（1）大庆油田榆树林 CO_2 试验区树 16 接转站采出水随采出液直接管输至榆

二联，与水驱采出液混掺后统一处理。脱水后的含油污水输至东16污水处理站达标处理后回注。东16污水处理站采用“曝气+微纳气浮+流砂过滤+膜过滤”，出水指标达到“5，1，1”（含油量≤5mg/L，悬浮固体含量≤1mg/L，粒径中值≤1μm），工艺流程如图4-31所示。图4-32为东16污水处理站主要装置。

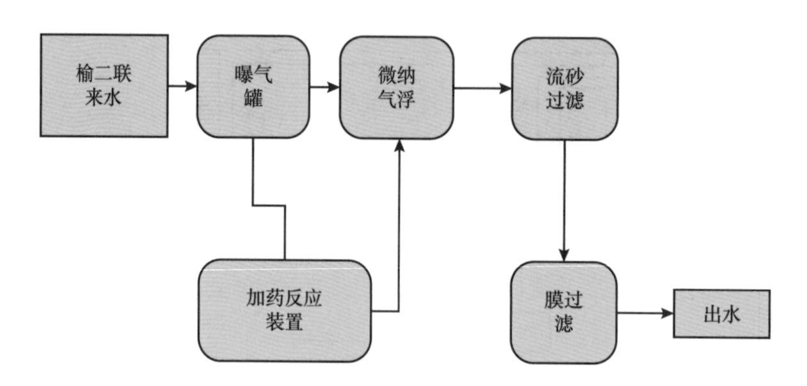

图4-31 东16污水处理站站内水处理工艺流程示意图

图4-32 东16污水处理站主要装置

（2）大庆油田海拉尔 CO_2 试验区贝 14 接转站采出水随采出液直接管输至德二联，与水驱采出液混掺后统一处理。德二联脱水站脱水后的含油污水直接在德二联污水处理站处理达标后回注。德二联污水处理站采用“除油缓冲 + 悬浮污泥过滤 + 单阀滤罐过滤”（SSF 悬浮污泥过滤工艺），出水指标达到“8，3，2”（含油量≤ 8mg/L，悬浮固体含量≤ 3mg/L，粒径中值≤ 2μm），工艺流程如图 4-33 所示。

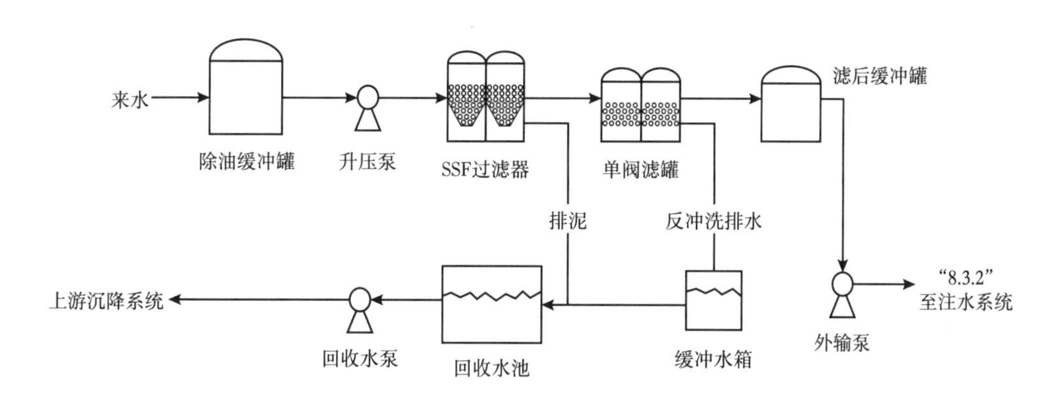

图 4-33　德二联污水处理站流程示意图

三、采出伴生气处理技术

吉林油田开展注 CO_2 混相驱油技术研究，在注 CO_2 混相驱油过程中副产的伴生气中含有大量饱和水，同时由于 CO_2 的大量注入，伴生气中含有 5%~90% 的 CO_2，随着时间的延长伴生气 CO_2 浓度呈明显递增趋势，而且浓度变化时间短、跨度大。伴生气中的饱和水会对管道设备造成一定的腐蚀性，若是含硫伴生气夹带饱和水将对管道设备造成严重腐蚀。除此腐蚀问题之外，无论水以液相或气相存在均会降低管道运送能力，而且在较低的温度条件下会形成固体水合物堵塞阀门、管道和设备，特别是对于吉林油田地区所处的低环境温度条件。因此，为了伴生气的后续输送及利用，必须进行脱水处理。

吉林油田黑 46 区块采出气处理及循环注入分为以下四个阶段。

（1）气液分离及预处理：油井产物在接转站或分离操作间经气液分离器进

行气液分离后，含 CO_2 采出气经计量后进入旋流分离器，脱除直径 10μm 以上液滴，出口气体经过滤分离器，继续脱除直径 5μm 以上的所有液滴和固体杂质，完成预处理。

（2）采出气压缩：预处理后的气体进入采出气压缩机进行增压，压缩机选用往复式压缩机，分两级压缩，一级压缩进口压力为 0.2~0.3MPa，出口压力为 0.8~1.0MPa；二级压缩机出口压力为 2.3~2.5MPa。

（3）变温吸附脱水：经采出气压缩机压出的 2.5MPa 气体，进入变温吸附脱水单元，经 2 台除油过滤器除去油雾后，再进入由三塔组成的等压吸附干燥系统，装置出来的 2.5MPa 干气含水量小于 30mL/m^3，去注入压缩机。

（4）超临界注入：脱水后的产出气与净化厂来的纯净 CO_2 气体在静态混合器内进行充分混合，进入注入压缩系统。气体压缩仍采用往复式压缩机、风冷设计，需三级压缩，去注入分配器分配注入。吉林油田黑 46 CO_2 驱采出气处理及循环注入流程示意图如图 4-34 所示。

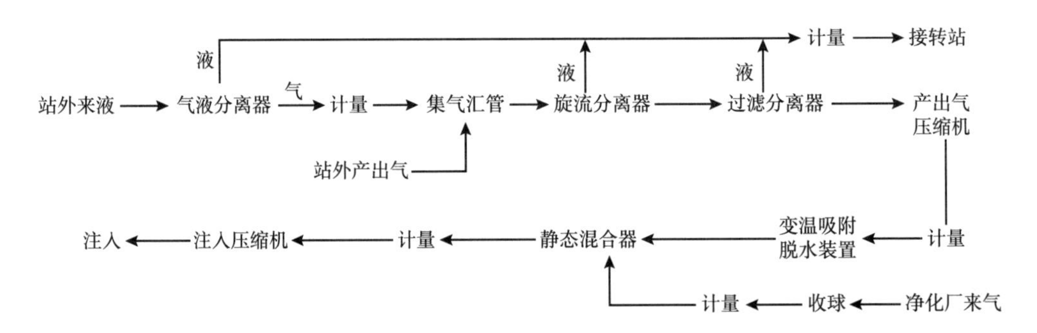

图 4-34　吉林油田黑 46CO_2 驱采出气处理及循环注入流程示意图

大庆海拉尔油田贝 14 工业化试验区为了简化工艺，降低投入，提高 CO_2 驱油效果，设计依托贝 14 转油站建成 $9\times10^4m^3/d$ 含 CO_2 采出气增压、超临界回收注入系统。设计采用国外压缩机机头，国内组橇型式生产的 CO_2 高压压缩机组，单台设备价格与国外同类产品相比可降低 60%。贝 14 CO_2 采出气循环利用和超临界注入示意流程如图 4-35 所示。

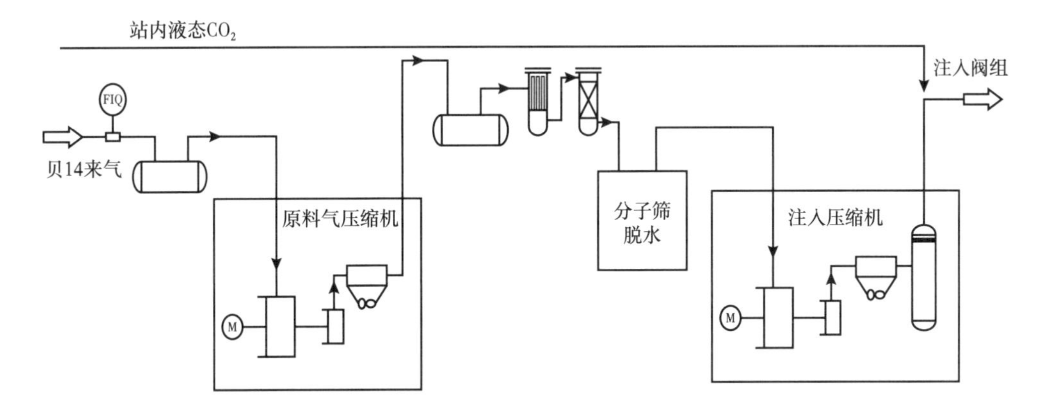

图 4-35 贝 14 CO_2 伴生气循环利用和超临界注入示意流程

长庆油田黄 3 区 CO_2 驱油开发规划，预测试验周期内含 CO_2 采出气量在 0.6×10^4~$1.6\times10^4m^3/d$。设计在综合试验站内建 $1\times10^4m^3/d$ 橇装脱碳装置 1 套，采出气脱碳采用膜 / 变压吸附工艺，对捕集的 CO_2 气通过增压、脱水、冷冻、提纯回用液态 CO_2。

各试验区块的 CO_2 驱油田伴生气多作为站场的燃料气。工业化推广试验区块都已建成伴生气的处理工艺装置，伴生气下一步将进行循环注入。

超临界注入技术注入压力高达 25MPa，CO_2 的增压设备是需要解决的关键技术问题之一。而压缩机又是提高 CO_2 气体压力的唯一设备，因此在高含 CO_2 伴生气增压过程中，相态控制技术极为重要。

对不同 CO_2 浓度的伴生气各组分含量进行估算，研究影响其压缩性能的物性、相包络图及水合物生成曲线，形成伴生气压缩机级间相态控制方法。

通过采出流体分离技术，将 CO_2 驱产生的伴生气进行除液、除颗粒处理，处理后气体进入压缩机增压。

（1）生成含 60%~90%CO_2 的伴生气相图、水合物曲线图。

根据上述组成，利用软件模拟计算各组成的泡点、露点数据及水合物生成曲线数据，通过数据处理软件作出含 60%~90%CO_2 的伴生气相图、水合物生成曲线图。随 CO_2 浓度增加，水合物生成曲线最初与露点线相交于两点，逐渐变化为分别与露点线、泡点线各相交于一点；泡点线上部逐渐下凹，导致气液两相区范围变小，这是含 CO_2 伴生气逐渐逼近纯 CO_2 的结果。同时，发生液化或生成水合物的温度均不超过 30℃（图 4-36）。

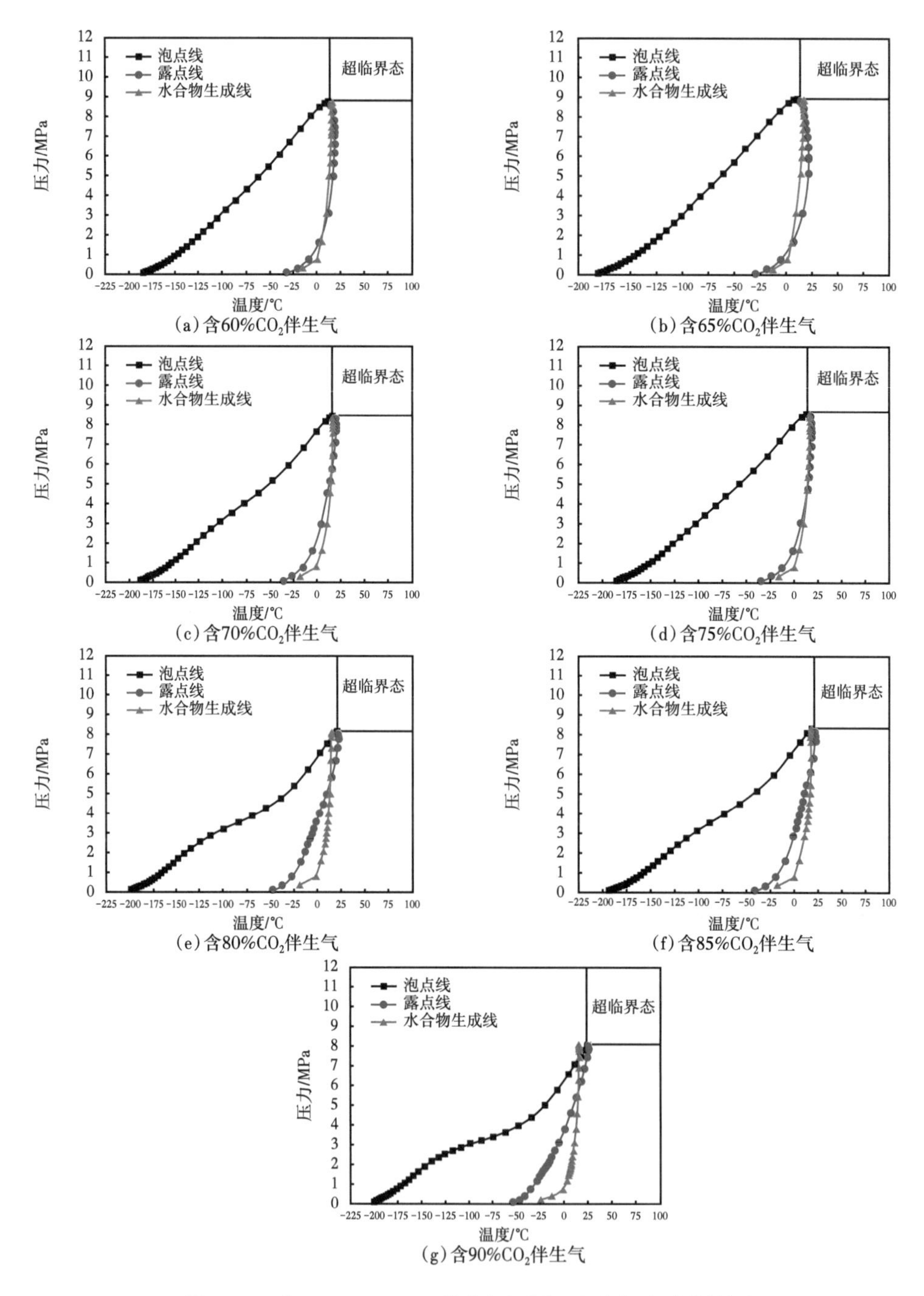

图 4-36　含 60%~90%CO_2 伴生气相图、水合物生成曲线图

（2）含 65%~90%CO_2 伴生气低压压缩级间分离技术。

由图 4-37 可知，该组成的伴生气水合物生成温度均低于 30℃。考虑到压缩机节能问题，确定每级冷却温度，满足压缩工艺要求。

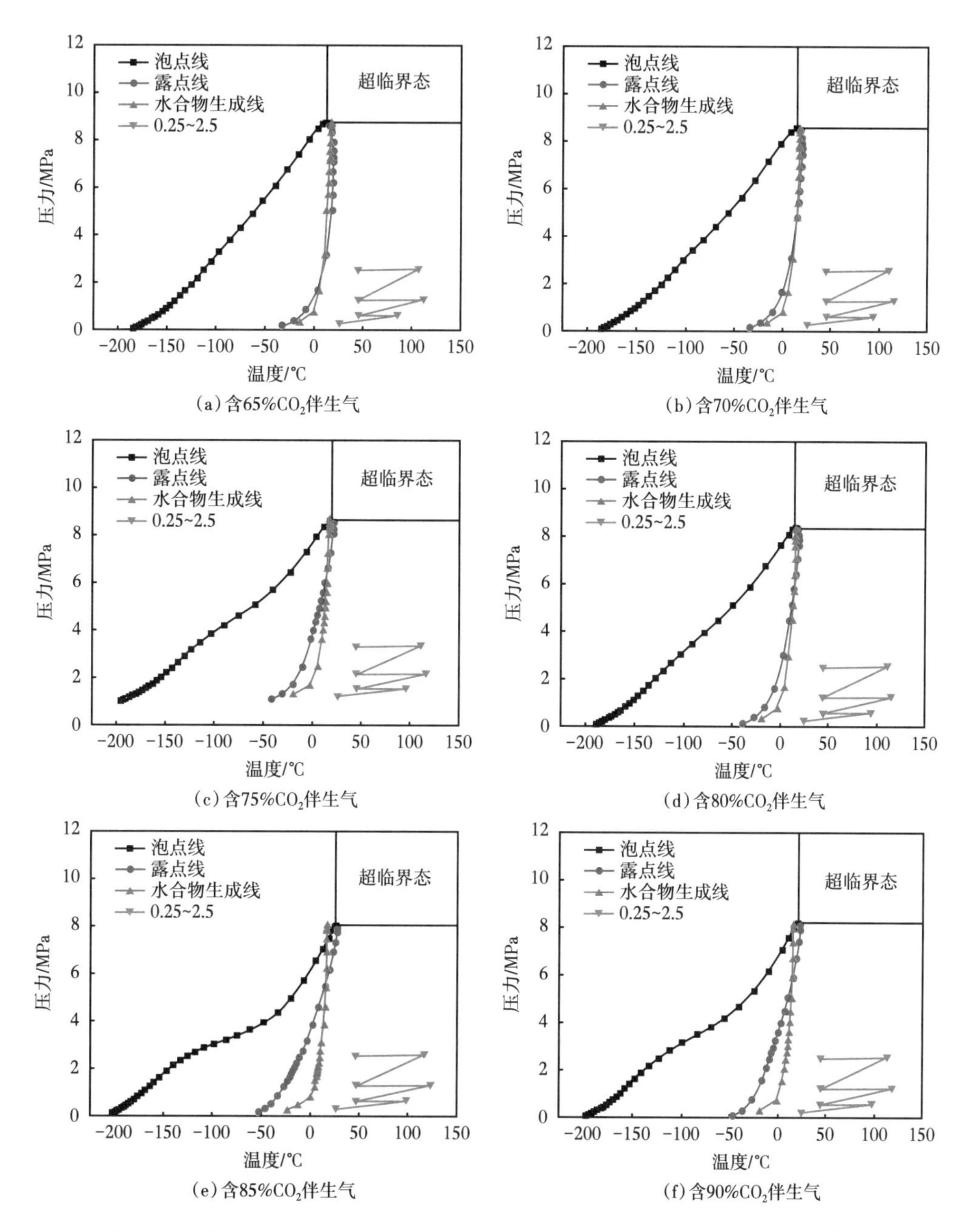

图 4-37　含 65%~90%CO_2 的伴生气由 0.25MPa 压缩到 2.5MPa 的压缩工艺曲线

因此，含65%~90%CO_2伴生气由0.25MPa压缩到2.5MPa的压缩工艺及相态控制方案采取如图4-38所示的流程。

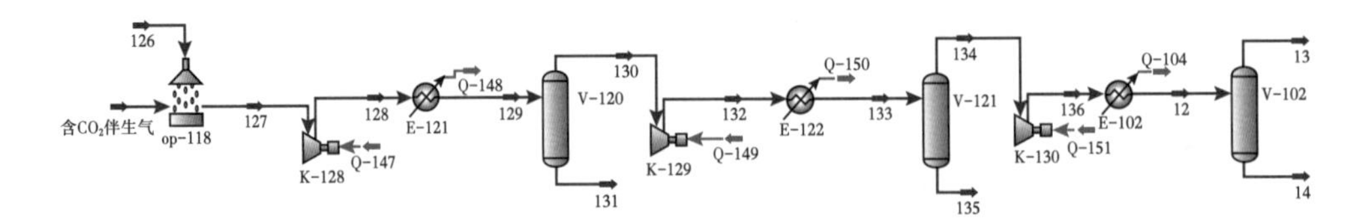

图4-38　含65%~90%CO_2的伴生气由0.25MPa压缩到2.5MPa的压缩工艺流程图

（3）含$CO_2$90%伴生气高压超临界压缩机相态分析。

由图4-39可知，该组成的伴生气水合物生成温度均低于30℃。同理进行了含CO_2 90%伴生气由1.5MPa、2.0MPa压缩到15MPa、20MPa、25MPa的压缩工艺。

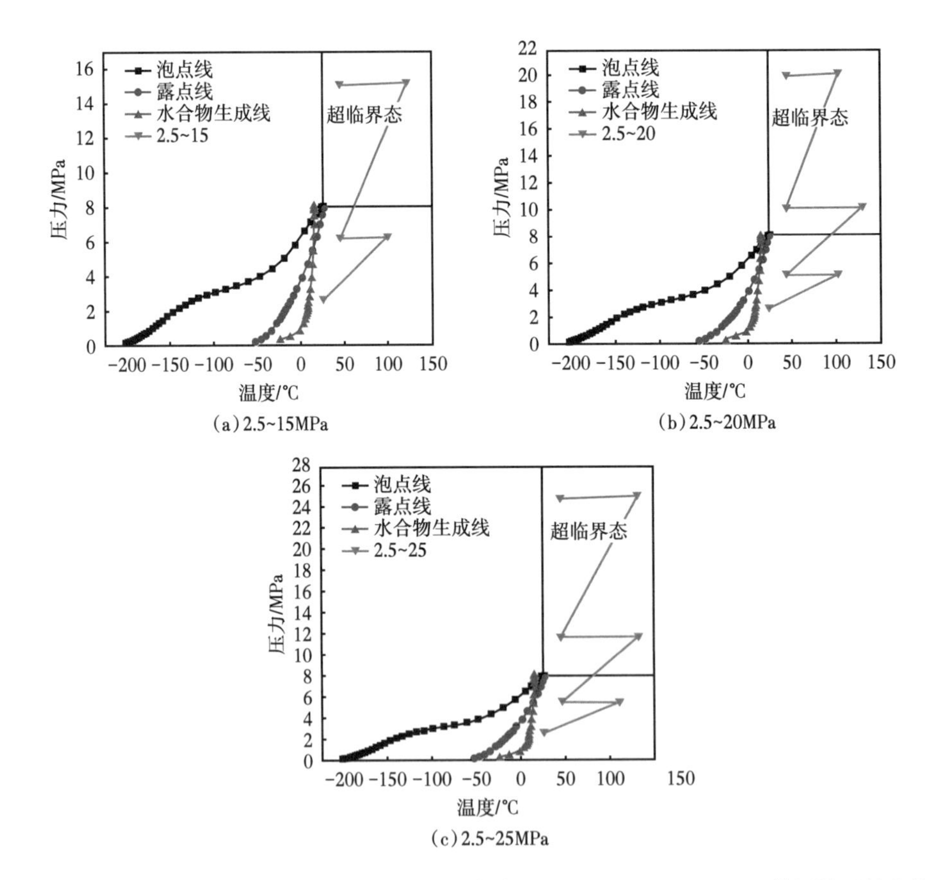

图4-39　含90%CO_2的伴生气由2.5MPa压缩到15MPa、20MPa、25MPa的压缩工艺曲线

对于伴生气相图，随着 CO_2 浓度增加，含 CO_2 伴生气临界压力逐渐降低，临界温度逐渐升高，并且气液两相区范围变小，因此，CO_2 含量增加对水合物的形成影响很小。

在临界点附近即准临界区，压缩因子、密度、绝热指数物性参数发生突变，为保证高含 CO_2 伴生气实现超临界态过程的稳定性应避开准临界区，需要控制每级进口温度。

各组成伴生气的水合物生成温度和临界温度均低于 30℃。考虑到设备投资、压缩机节能问题，合理确定压缩机级间冷却温度，优先选择空冷方式。

参考文献

[1] 曹万岩，王庆伟．大庆油田二氧化碳驱集输处理工艺初探 [J]. 石油规划设计，2017，28（2）：5.

[2] 马艳哲．CO_2 驱采出流体稳定性及破乳情况跟踪测试研究 [D]. 青岛：中国石油大学（华东），2016.

[3] 祁雪洪，康万利，董朝霞，等．吉林油田模拟 CO_2 驱采出水性质研究 [J]. 油气田地面工程，2011，30（9）：3.

[4] 任相军，王振波，金有海．气液分离技术设备进展 [J]. 过滤与分离，2008（3）：5.

[5] 孙锐艳，王宪中，马晓红，等．黑 79 二氧化碳驱采出流体的集输工艺 [J]. 油气田地面工程，2012，31（3）：3.

[6] 尹鹏飞，姜辉．八面台油田翻斗计量影响因素研究 [J]. 石油工业技术监督，2009，25(4)：9-11.

[7] 吉艳霞，张丽华．浅谈提高气体流量计量精度的方法 [J]. 石油工业技术监督，2010，26（2）：57-59.

[8] 廖文毅．差压式流量计实际应用中存在的问题及对策 [J]. 工业计量，2004（s1）：201-203.

[9] 丁玲．浅析电磁流量计原理及应用 [J]. 黑龙江科技信息，2015（14）：45.

[10] 任鸿威， 高汉超． 质量流量计及其应用综述 [J]． 化工自动化及仪表， 1997（5）：62-65.

[11] 程张．多齿轮流量计理论与实验研究 [D]. 安徽：安徽理工大学，2013.

[12] 虞庆文．腰轮流量计在油品计量中的误差分析 [J]. 油气储运，2004，23（3）：48-49.

[13] 张锡洲，桑树明．螺杆流量计在出砂油田集输系统上的应用 [J]. 工业计量，2003（s1）：245-246.

[14] 孙锐艳，马晓红，王世刚．吉林油田 CO_2 驱地面工程工艺技术 [J]. 石油规划设计，2013，24（2）：7.

第五章　地面工程腐蚀防护技术

CO_2 在油气田开发系统中广泛存在，当其在油气中达到一定的浓度比例时，将会对井下油管、套管、工具、地面生产设备等产生腐蚀，存在安全隐患，影响系统的正常生产，造成经济损失，严重时可能引起重大的环境污染和人员伤亡等巨大危害，应当引起足够的重视。“CO_2 腐蚀”这个术语在 1925 年第一次被 API（美国石油学会）采用，1943 年，出现于 Texas 油田气井井下的腐蚀被首次确认为 CO_2 腐蚀。CO_2 腐蚀过程是一种错综复杂的电化学过程，影响因素主要有温度、CO_2 分压、水介质物性、流速等。本章主要阐述 CO_2 腐蚀影响因素与影响规律，以及 CO_2 腐蚀控制措施，以期指导 CO_2 腐蚀防护方案设计。

第一节　二氧化碳腐蚀影响规律

CO_2 腐蚀机理已较为清晰，主要是 CO_2 溶于水中形成碳酸，碳酸与低碳钢表面发生反应造成腐蚀。CO_2 腐蚀引起的点蚀通常发生于低流速的环境下，点蚀的敏感性随温度和 CO_2 分压增加而改变。台地腐蚀和蜂窝状腐蚀多发生于流动介质条件下，是 CO_2 腐蚀导致集输管道失效穿孔最具危害性的一种情况。

一、温度影响

温度是 CO_2 腐蚀的重要影响因素。研究表明：在 60℃ 附近，CO_2 腐蚀在动力学上有质的变化。$FeCO_3$ 溶解度有负的温度系数，即随温度升高而降低，因此在 40~110℃ 范围，钢铁表面生成具有一定保护性的腐蚀产物膜，腐蚀速率出现过渡区，但容易出现局部腐蚀；当温度低于 40℃ 时，钢铁表面生成不具保护性的少量松软且不致密的 $FeCO_3$，腐蚀速率在此区域出现极大值，以均匀腐蚀为主；当温度在 110℃ 或更高时，由于发生了 $3Fe+4H_2O \rightarrow Fe_3O_4+4H_2\uparrow$ 反应，故在 110℃ 附近出现第 2 个腐蚀速率极大值，表面产物膜层也由 $FeCO_3$ 变成 Fe_3O_4 和 Fe_2O_3，并且随温度升高，Fe_3O_4 量增加，在更高温度下，Fe_3O_4 在膜中的比例将占主导地位。一般认为，在油气集输工况下 CO_2 腐蚀出现局部腐蚀的敏感温度区间为 60~80℃。

二、压力影响

CO_2 分压是影响腐蚀速率的重要参数，温度低于 60℃，裸钢形成保护性产物膜时，可用 Wsnd 经验公式预估 CO_2 腐蚀速率：

$$\lg v_c=7.96-2320/(T+273)-5.55\times10^{-3}T+0.671\lg p_{CO_2}$$

式中　v_c——腐蚀速率，mm/a；

p_{CO_2}——CO_2 分压，MPa；

T——温度，℃。

由图 5-1 可以看出，CO_2 腐蚀速率随 CO_2 分压升高而增大，原因在于 CO_2 腐蚀是一个氢去极化过程，这一过程的氢离子大部分来源于碳酸中电离出来的氢离子，CO_2 分压越高，溶于水的 CO_2 含量越高，H_2CO_3 浓度也越来越高，进而电离出的 H^+ 也就越多，腐蚀被加速。

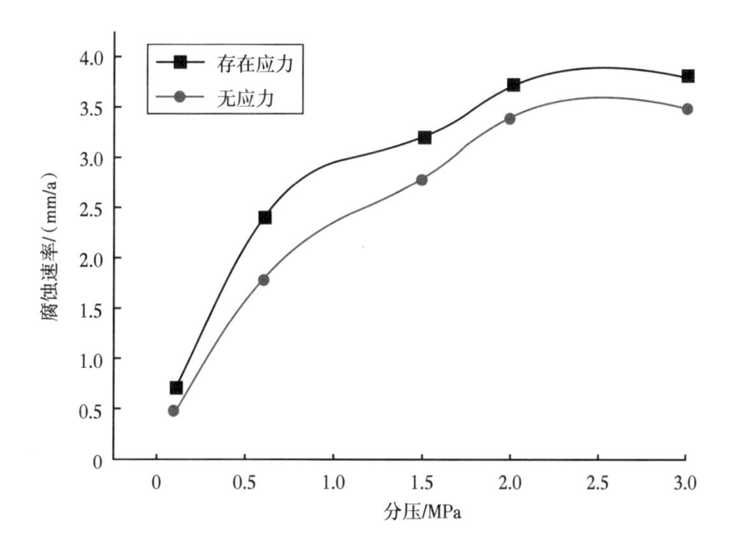

图 5-1　30℃时 Q235 钢腐蚀速率随分压变化图

油气工业一般认为，当p_{CO_2}＜0.021MPa时，CO_2腐蚀较轻微；当0.021MPa＜p_{CO_2}＜0.21MPa时，发生中等腐蚀；当p_{CO_2}＞0.21MPa时，发生严重的腐蚀。

图5-2至图5-4分别显示了不同分压下，Q235、304和316L管材施加应力前后腐蚀速率变化情况。可以看出，在实验范围内，腐蚀速率均随着CO_2分压的升高而增大。同时，无论何种分压条件下，应力的存在均对CO_2腐蚀有加剧作用。

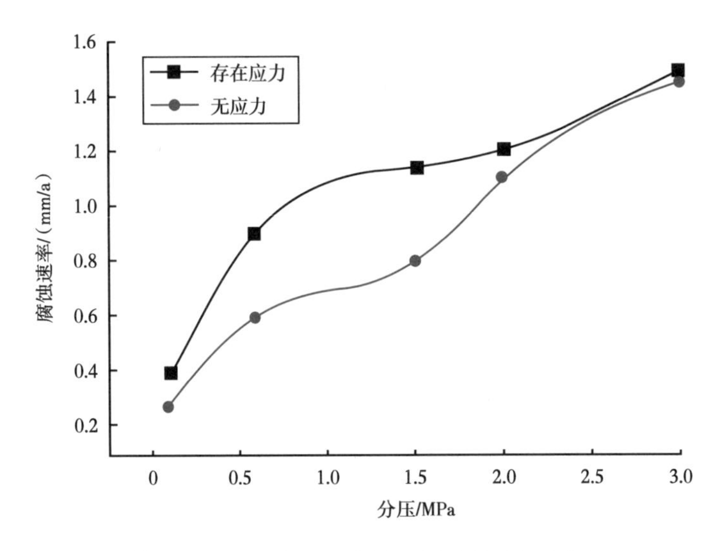

图5-2　30℃时Q235钢腐蚀速率随分压变化图

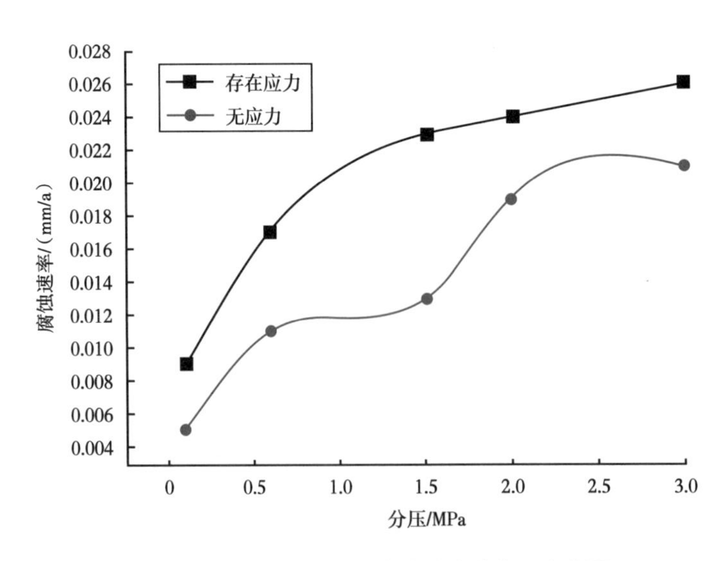

图5-3　150℃时304钢腐蚀速率随分压变化图

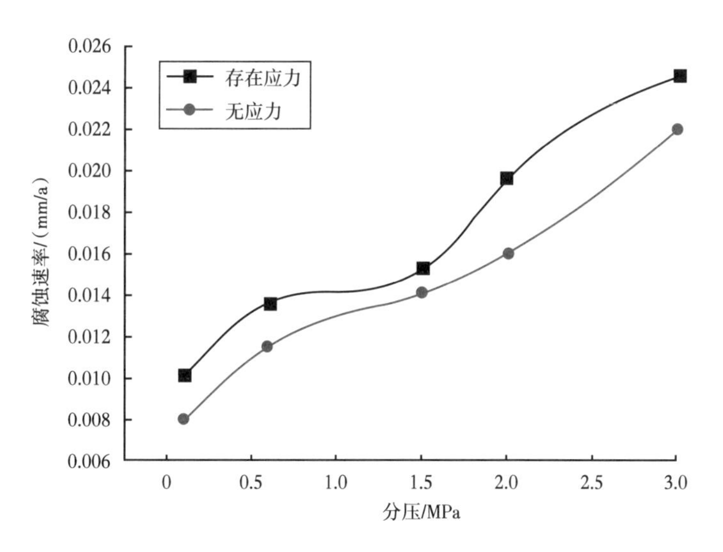

图 5-4 150℃时 316L 钢腐蚀速率随分压变化图

三、水介质物性的影响

水介质 pH 值的变化直接影响 H_2CO_3 在水溶液中的存在形式，当 pH 值＜4 时，主要以 H_2CO_3 形式存在；当 4＜pH 值＜10 之间，主要以 HCO_3^- 形式存在；当 pH 值＞10 时，主要以 CO_3^{2-} 存在。一般来说，pH 值的增大，降低了原子氢还原反应速度，从而导致腐蚀速率降低。

水中离子对 CO_2 腐蚀也有显著的影响。一般认为，HCO_3^- 的存在会抑制 $FeCO_3$ 的溶解，促进钝化膜形成，降低碳钢的腐蚀速率。随 HCO_3^- 浓度增大，钝化电位区间增大，击穿电位增加，点蚀敏感性降低。溶液中 Ca^{2+}、Mg^{2+} 通过影响钢铁表面腐蚀产物膜的形成和性质来影响腐蚀特性，Ca^{2+}、Mg^{2+} 的存在，增大离子强度，导致 CO_2 在水中的亨利常数增大，溶液中 CO_2 含量降低。此外，这 2 种离子存在还会使介质的结垢倾向增大，在其他条件相同时，这 2 种离子的存在会降低全面腐蚀，但局部腐蚀的严重性会增强。

四、流速的影响

流速也是影响 CO_2 腐蚀的重要因素。流速增大使 H_2CO_3 和 H^+ 等去极化剂更快地扩散到金属表面，加速阴极去极化过程，消除了扩散控制，同时使

阳极反应产生的 Fe^{2+} 迅速离开金属表面，这些作用的结果是增大腐蚀速率。

流体流动状态下，流体与碳钢之间的相对运动对钢铁表面产生切向作用力。切向作用力可能会阻碍金属表面保护膜的形成或破坏已形成的膜层，加剧腐蚀。现场经验和实验室研究都发现 CO_2 腐蚀速率随流速增加急剧增大，尤其是当流动状态从层流过渡到湍流状态时，局部腐蚀倾向严重。Burke 等的实验结果表明，当 p_{CO_2} 为 10^5Pa，温度为 60℃ 时，随流速的增加，腐蚀速率急剧增加，详见表 5-1。

表 5-1 管线钢材料在 60℃、96h 条件下静止腐蚀速率与冲刷腐蚀速率对比

材料	宝钢 X60	武钢 X60	住友 X60	武钢 X65	宝钢 X70
静止腐蚀速率 /（mm/a）	0.3653	0.5955	0.5396	0.6131	0.7005
冲刷腐蚀速率 /（mm/a）	5.4986	3.1230	3.6650	7.5678	6.8641

也有研究表明，流速的增大并不都使腐蚀速率增大，它对速率的影响和钢级有关。在 C90 和 2Cr 钢的试验中均发现有一个取决于钢级和腐蚀产物性质的临界流速，高于此速度，腐蚀速率不再变化，而 L80 钢随流速提高，腐蚀速率降低，有学者认为高流速影响 Fe^{2+} 溶解动力学和 $FeCO_3$ 的形核，形成一个虽薄但更具有保护性的薄膜，降低了腐蚀速率。

第二节 低成本地面系统腐蚀防护方式

弄清了 CO_2 腐蚀规律，在地面工程设计中，可以合理避开高腐蚀区。根据大情字油田 CO_2 驱建设总体思路，地面系统分为 CO_2 捕集、输送、注入、采出流体集输、产出气循环注入五个系统。由于运行工况条件变化复杂，各系统的腐蚀程度差异较大，分别对地面集输各系统进行分析。

一、二氧化碳输送系统

根据黑 59 和黑 79 试验区的 CO_2 注入系统工艺流程与工况参数资料，温度范围在 -30~40℃，压力在 1.6~40MPa，系统内流动的介质是干 CO_2，几乎没有

水，纯 CO_2 对材质腐蚀很小。腐蚀速率小于 0.01mm/a。主要采用碳钢 + 缓蚀剂防腐方式，并设置腐蚀监测措施。

CO_2 输气管线介质为干气，输送压力为 2.5MPa，输送温度为 5~40℃，正常工况没有腐蚀性，采用碳钢材质。管道预留缓蚀剂预膜口，管道设置在线腐蚀监测装置。

二、二氧化碳注入系统

1. 注入井口

注入井口应加装气水切换装置，井口气水共通阀、管段应选用 316L 不锈钢材质。

2. 注入管网

注入管网工作压力一般为 20~28MPa，注入温度为 0~40℃。当注入介质为干气 CO_2 时，腐蚀非常轻微，可采用碳钢管线；当采用液相注入和超临界工艺注入时，注入管网可采用耐低温材质，并设有腐蚀监测装置和注缓蚀剂设施。

三、采出液集输处理系统

CO_2 驱采出流体通常包括油、气（含 CO_2）、水等物质，单井采出物经过站外集输管道输送至站内进行油气分离，分离后液相进入已建集油系统，气相进入循环注入站。对于油气水三相系统，温度范围为 20~80℃，压力为 0.5~6MPa，含水从 10% 变化到 90%，三相介质对普通碳钢的腐蚀速率随油水比增大而逐渐降低。在 80℃时，当含水为 90% 和 10% 时，腐蚀速率分别为 1.5304mm/a、0.3943mm/a，腐蚀速率相差较大。对于液相，温度范围为 40~60℃，压力为 0.5~2.5MPa，不同油水比条件下，油水两相腐蚀速率相对较低，在 60℃、2.5MPa、含水 90% 时，腐蚀速率为 0.5033mm/a。同时，含水率对腐蚀速率影响也较大。腐蚀速率随含水率的降低而逐渐减小。当含水率从 80% 降低至 20% 时，腐蚀速率从 0.4149mm/a 降低至 0.1499mm/a。但腐蚀速率仍很高，远超过 0.076mm/a。不锈钢 316L，

304 满足所有工况，腐蚀速率远低于 0.076mm/a。

根据采出液三相和两相液体腐蚀规律研究成果，其集输管网的防腐可采取以下措施：

（1）在井口，采出液阀门及集输未经气液分离的管网均应选用防腐材质；

（2）气液分离后的油、水两相集输管网防腐，可根据油田开发生产情况，通过对以下两项措施的技术经济比选确定：

一是直接选用非金属管材或内衬非金属的金属管材；

二是当低含水期较长时，建设期可选用碳钢管道，定期投加缓蚀剂。待油田进入中高含水期，可更换为非金属管道或内涂 / 内衬管。

四、产出气循环利用系统

产出气循环利用环节包括伴生气脱水前的湿气系统和脱水后的干气系统。

湿气系统工作温度一般为 40~60℃，压力为 0.5~2.5MPa，饱和含水，CO_2 含量大于 20%。根据实验数据，当温度为 60℃、压力为 2.5MPa 时，普通碳钢的 CO_2 腐蚀速率高达 2.6466mm/a，应选用不锈钢或内衬不锈钢的复合管材。

脱水后的干气系统，由于腐蚀较轻，其处理设施及相关管段、阀门均可选用碳钢材质，但需加注缓蚀剂，并设置腐蚀监测设施。

五、缓蚀剂加注工艺

缓蚀剂加注工艺由两部分组成，一是预膜工艺，二是正常加注工艺。预膜的目的是在管道表面形成一层浸润保护膜。液相缓蚀剂的这层浸润膜是为正常加注提供成膜条件，气相缓蚀剂的这层浸润膜是一层基础保护膜，正常加注主要起到修复和补充缓蚀剂膜的作用。预膜时所加的缓蚀剂量一般为正常加注量的 10 倍以上。通常情况下，在新井或新管线投产时或正常加注缓蚀剂一个星期后进行预膜，对于已建管道，主要是在清管后预膜。一般来说，缓蚀剂加注工艺都不是指预膜工艺，而是指正常加注工艺。通常缓蚀剂防腐要与清管共同使用，提升防腐效果。

1. 加注工艺

目前用于石油天然气集输管道的缓蚀剂加注方法主要有泵注、滴注、引射注入法等，以下对各种缓蚀剂注入法的优缺点进行分析比较。

1）滴注工艺

自20世纪60年代以来，在气田井口及管线上即采用滴注工艺。滴注原理：设置在井口高压罐内的缓蚀剂，依靠高差产生的重力，滴注到管道内（图5-5）。

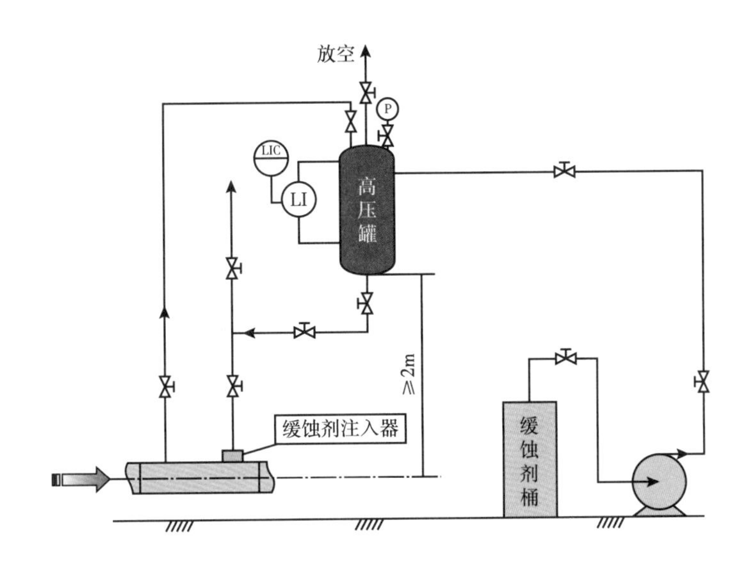

图5-5　滴注工艺流程示意图

优点：滴注工艺利用缓蚀剂自重，不需外加动力。

缺点：高差有限，容易产生气阻及中断现象，且缓蚀剂不能雾化，仅适用于较小产量的气井。

2）引射注入工艺

引射注入工艺特别适用于有富余压力的集气管线。

原理：贮存在高压罐内的缓蚀剂，利用罐与引射器高差和管线富裕的压力作动力，缓蚀剂与天然气充分混合、雾化并注入管道内（图5-6）。

优点：引射器雾化效果好。利用了管线富裕压力，不需要外加动力。

缺点：受井口或管线富裕压力的限制，不能用于井口加注。

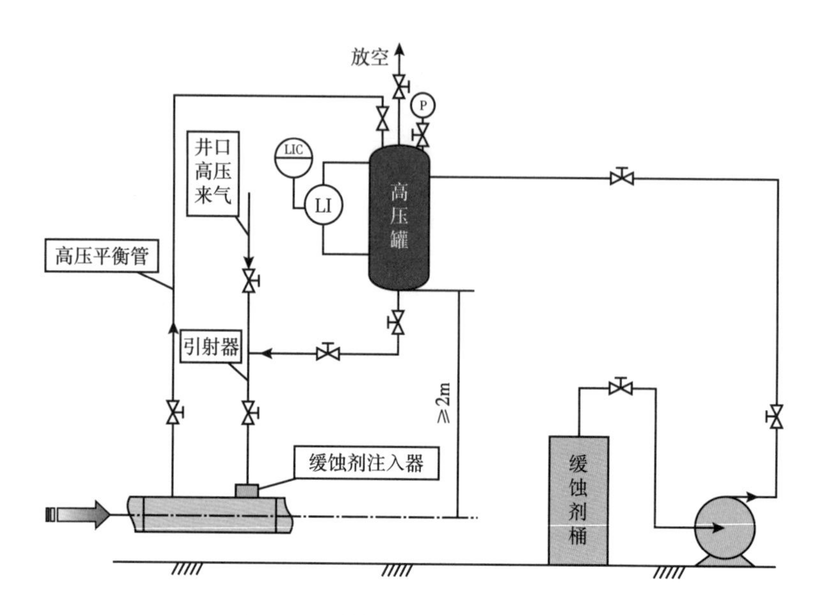

图 5-6　引射注入工艺流程示意图

3）泵注工艺

目前在气田普遍采用泵注工艺（图 5-7）。

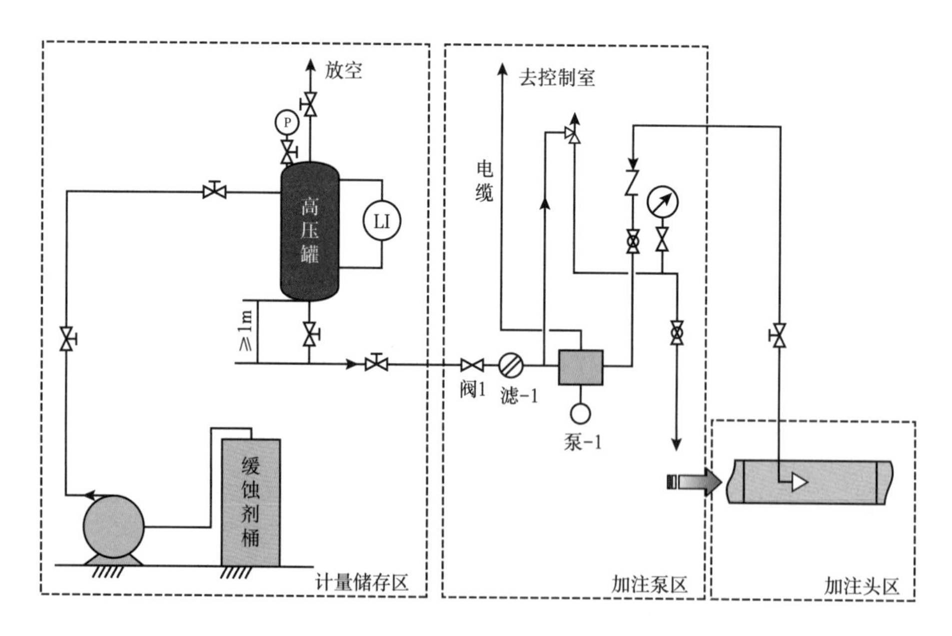

图 5-7　泵注工艺流程示意图

原理：缓蚀剂利用高压泵进行灌注到喷雾头，经喷雾头喷射到管道内部。泵注工艺的关键是喷雾头，其雾化效果好坏决定了缓蚀剂的保护效果。

优点：雾化效果好，既适用于井口，也适用于管线，泵注可靠性高。

缺点：消耗电能。

研究认为，在无人值守和井场无电源，且井场离集中处理站场较远情况下，缓蚀剂加注宜采用滴注系统；在井场有动力电源提供时，可采用泵注系统；在井口有充足富裕压力时，通常采用引射注入系统。如果井场离集中处理站场较近，且井场无动力电源，可埋设专用管线，在集中处理厂增设泵注系统，分别对各单井进行加注。

2. 加注量计算

缓蚀剂是向腐蚀介质中加入微量或少量的化学物质，该化学物质使钢材在腐蚀介质中的腐蚀速率明显降低。缓蚀剂的加注量随着腐蚀介质的性质不同而异，一般从百万分之几到千分之几，个别情况下加注量可达百分之二。缓蚀剂的加注量是工艺设计的基础数据，主要按照缓蚀剂所处环境和缓蚀剂类别进行计算。

1）液相缓蚀剂在天然气环境中的加注量计算

液相缓蚀剂在天然气环境中的加注量与缓蚀剂液膜厚度 μ 成正比。根据美国 AMOCO 公司推荐的数据，取膜厚 μ=20μm。对于集输管线，为了维持缓蚀剂膜厚所需要的缓蚀剂量 Q（m^3）：

$$Q=\mu S \tag{5-1}$$

式中　S——管线内表面积，m^2。

2）液相缓蚀剂在液体腐蚀介质中或气相缓蚀剂在天然气中的加注量计算

液相缓蚀剂在液体腐蚀介质中，或气相缓蚀剂在天然气环境中，与液相缓蚀剂在天然气环境中所处的状态不一样，它们不存在液膜问题，而是要加入一定量的缓蚀剂。气相缓蚀剂要维持一定分压，液相缓蚀剂要维持一定浓度。当缓蚀剂分子扩散到钢材表面，通过吸附或其他作用达到减缓钢材表面腐蚀，其每日加注量 Q_d（m^3）：

$$Q=Q_{l}+Q_{g} \tag{5-2}$$

式中 Q_l——液相缓蚀剂含量，m^3；

Q_g——气相缓蚀剂含量，m^3。

$$Q_{l}=\varepsilon L \tag{5-3}$$

式中 ε——液相中缓蚀剂浓度；

L——单井日产液量，m^3。

$$Q_{g}=\Phi G \tag{5-4}$$

式中 Φ——采出天然气中的残余浓度；

G——单井日产气量，m^3。

第三节 推荐的腐蚀防护方式

结合多年来 CO_2 驱重大开发试验的设计及运行情况，以及美国 CO_2 驱技术现状和发展趋势，推荐中国石油 CO_2 驱大规模工业化推广阶段的地面工艺技术路线，如图 5-8 所示：管道及设备腐蚀控制以材质防腐为主，针对强腐蚀性介质选用不锈钢、玻璃钢材质防腐，低腐蚀性介质选用碳钢＋缓蚀剂防腐。

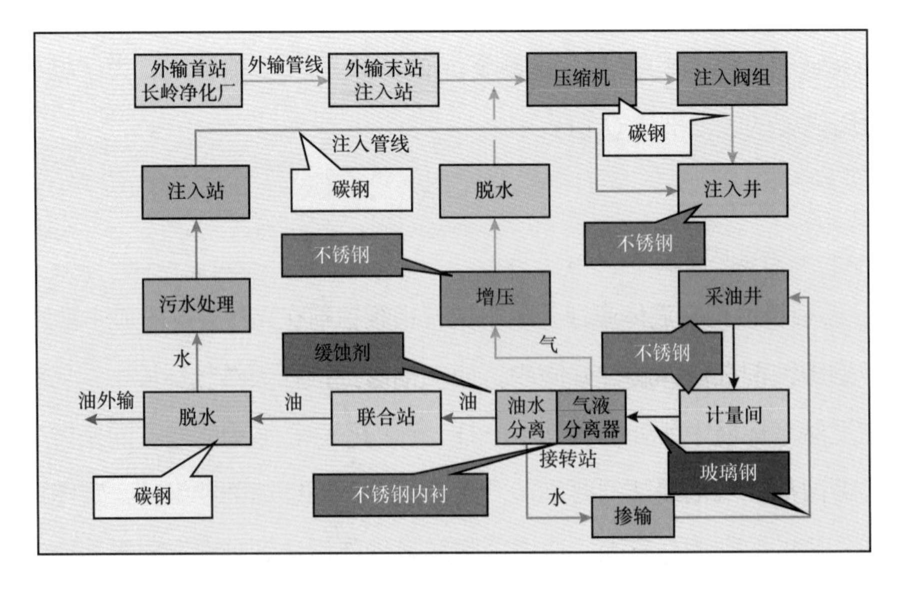

图 5-8 各系统腐蚀防护节点图

一、注入系统

深度脱水后 CO_2 没有腐蚀性，注气管线采用 Q345E。

二、采油井口

腐蚀因素分析：介质为油、水、气，温度为 20℃左右，压力为 0.3~1.3MPa，存在 CO_2 腐蚀风险。

控制措施：将井口阀门、集输管线更换为不锈钢（316L）。

三、注入井口

腐蚀因素分析：介质为水、CO_2，温度为 -20~40℃，注入压力为 3~23MPa，气水交替时腐蚀严重。

控制措施：井口阀门管线更换为不锈钢（316L）。

四、集油 / 掺水管线

腐蚀因素分析：介质为油、水、气，温度为35℃左右，压力为0.3~1.3MPa，存在 CO_2 腐蚀风险。

控制措施：采用芳胺类玻璃钢管材。

五、掺输注入计量间

腐蚀因素分析：介质为油、水、气，温度为 35℃左右，压力为 0.3~1.3MPa，存在 CO_2 腐蚀风险。

控制措施：分离器、管线及阀门采用内衬不锈钢（316L）。

六、接转站及联合站

站内气驱分离器、管线及阀门采用内衬不锈钢（316L），水驱系统加注缓蚀剂，防止设备及管线腐蚀（表 5-2）。

表 5-2　各系统工况及材料选用表

工况	CO_2 含量 /%	CO_2 分压 /MPa	温度 /℃	腐蚀程度	腐蚀控制
CO_2 输送管道	98	1.0~2.5	-70	极低	碳钢
注入系统	≥ 90	1.6~32	-75	极低	碳钢

续表

工况		CO_2含量/%	CO_2分压/MPa	温度/℃	腐蚀程度	腐蚀控制
产出流体集输	站外	20~90	0.2~2.5	20~80	高	非金属
						双金属
	站内	10~80	0.2~2.5	20~60	中	碳钢
						双金属
产气利用	气相（脱水前）	0~90	0.2~2.5	40~60	高	不锈钢
	气相（脱水后）	10~90	1.6~32	20~40	低	碳钢

参考文献

[1] 黄建中，左禹. 材料的腐蚀性和腐蚀数据[M]. 北京：冶金工业出版社，2002.
[2] 魏无际，俞强，崔益华. 高分子材料老化与防老化[M]. 北京：化学工业出版社，2006.
[3] 白新德. 材料腐蚀与控制[M]. 北京：清华大学出版社，2005.

第六章 CCUS-EOR 地面工程技术发展方向

近年来，全球 CCUS 工业示范项目的数量和规模发展势头强劲。据《剑桥能源论坛》杂志数据，目前全球正在运行的商业 CCUS 装置接近 30 座，涵盖 25 个国家，CO_2 捕集能力超过 $4000×10^4$t/a，仅 2021 年就新增 CCUS 项目 100 个，预计到 2030 年全球碳捕集能力将翻两番。

石化和化工行业是 CO_2 的主要利用领域。目前，全球捕获的 CO_2 有 70% 来自油气行业，CO_2-EOR 成为油气开采企业 CCUS 的重要内容。吉林油田 CO_2 驱油示范工程已运行 13 年，既解决了长岭气田产出 CO_2 去向的难题，又解决了特低渗透油田提高采收率问题，CO_2 注入能力达到 $43×10^4$t/a，实现了驱油与埋存并行、效益与环保并重的“吉林模式”。截至 2022 年底，中国石油已开展 11 项 CCUS 重大开发试验，CO_2 注入量达到 $100×10^4$t，累计埋存 CO_2 超过 $500×10^4$t。CCUS 技术已经成为油气田企业推动能源绿色转型、全力服务“双碳”目标、实现碳中和目标技术组合的重要组成部分[1]。

2021 年以来，中国石化、中国石油、中国海油等中央企业相继宣布了投资建设大型碳捕集、利用与封存（CCUS）项目的计划。2021 年 6 月 25 日，国能锦界能源有限责任公司燃煤电厂燃烧后 $15×10^4$t/a CO_2 捕集与驱油封存全流程示范项目通过试运行；8 月 26 日，中国海油启动“恩平 15-1 油田群开发的环保配套项目”，在南海珠江口盆地海底储层中永久封存 CO_2，在 800m 深海底永久封存 CO_2 超 $146×10^4$t，为我国首个海上油田 CO_2 封存示范工程；2022 年 1 月 17 日，通源石油科技集团股份有限公司投资 10 亿元与新疆库车市人民政府签署百万吨 CO_2 捕集利用一体化示范项目合作协议；2 月 25 日，中国石油启动松辽盆地 $300×10^4$tCCUS 重大工程示范项目；8 月 29 日，中国石化宣布，我国最大的碳捕集利用与封存全产业链示范基地、国内首个百万吨级 CCUS 项目——“齐鲁石化—胜利油田百万吨级 CCUS 项目”正式注气运行，标志着我国 CCUS 产业开始进入技术示范中后段——成熟的商业化运营。

第一节　国内地面工程技术现状

一、CCUS-EOR 伴生气变压吸附二氧化碳捕集工艺

为了降低 CO_2 捕集成本，吉林油田结合 CO_2 驱的工业化推广及产能建设需要，开展了变压吸附技术捕集 CO_2 试验，试验规模为 $8\times10^4m^3/d$。进行试验的气体有 3 种组成，分别为气田的天然气、CO_2 驱产生的伴生气、2 种气体的混合气体。伴生气变压吸附 CO_2 捕集装置如图 6-1 所示。

图 6-1　伴生气变压吸附 CO_2 捕集装置

该试验的工艺流程为：原料气田天然气或伴生气（2.8MPa，下称原料气）经预处理后进入气液分离器分离油水后再直接进入变压吸附（PSA）装置，变压吸附工序由 12 个吸附塔组成（每个吸附塔在一个吸附周期中需经历吸附、12 次均压降、逆放、抽真空、多次均压升、终充等工艺过程），从下部进入处于吸附状

态的吸附器，原料气中的 CO_2 在吸附剂上被选择性地吸附，从吸附器上端导出的合格（达到管输标准）净化天然气（CO_2 体积分数≤ 3.0%；H_2S 含量≤ 20mL/m^3；露点≤ -20℃），经稳压后送出界区（≥ 2.5MPa）；吸附在吸附剂上的气体经降压、真空及 CO_2 冲洗联合方式的解吸，得到 CO_2 纯度为 99% 以上的产品，既可用于三次采油，也可液化使用。

控制系统软件包充分体现变压吸附的技术特点，不仅能实现系统的实时控制、优化操作，而且能保证装置的长期、稳定、安全运行。控制系统在原料气流量发生较大变化时，可以自动地调整装置运行参数，使装置处于最佳运行状态，获得最高的回收率。

根据现场试验情况，产品气指标达到了设计要求，详情见表 6-1。

表 6-1　伴生气（88%CO_2 含量为例）及脱碳后产品气指标

项目	PSA 原料天然气	净化天然气	CO_2 气
流量 /（m^3/h）	3400	396.00	3004
压力 /MPa（表）	2.7	≥ 2.50	0.02
温度 /℃	25	25	30
组成 /%（摩尔分数）			
CH_4+N_2	6.7	56.91	0.076
C_2	2.7	20.85	0.31
C_{3+}	1.3	10.04	0.15
C_{4+}	0.5	3.77	0.07
C_{5+}	0.8	5.49	0.18
O_2	0.2	0.19	0.24
CO_2	88	2.94	99.2
回收率	CH_4 回收率为 99.0%；CO_2 脱除率为 99.61%		

二、管材优选

通过多年的摸索和研究，并结合现场应用情况，目前在 CO_2 驱管材选择方面已经取得了很大的进步。

1. 注入部分

（1）CO_2 注入管道选材：设计压力大于等于 6.3MPa 或设计压力小于 6.3MPa 且设计温度大于等于 -40℃、小于 0℃时，选用 Q345E，并应符合现行国家标准《高压化肥设备用无缝钢管》（GB/T 6479—2013）的规定；设计压力小于 6.3MPa 且设计温度大于等于 0℃时，选用碳钢材质，并应符合现行国家标准《石油天然气工业　管线输送系统用钢管》（GB/T 9711—2017）的规定。

（2）CO_2 储罐壳体材质宜选用 16MnDR。

2. 油气集输部分

CO_2 驱油气集输管道可采用非金属管材、碳钢管材或不锈钢（或内衬不锈钢）管材，选材应通过技术经济分析确定，并应符合下列要求：

（1）采用非金属管材时，应耐 CO_2 腐蚀与渗透；

（2）采用碳钢材质时，应采取防腐措施。

（3）CO_2 湿气管道法兰材质宜选用 S31603 锻件。

三、二氧化碳压缩机

目前，CO_2 压缩机按工作压力及功能分低压、中压、高压三种。

低压一般用于气态 CO_2 输送，压力小于 7.0MPa；中压用于超临界 CO_2 输送，压力为 8.0~16.0MPa；高压用于 CO_2 埋存和注入，压力大于 16.0MPa，一般超临界注入压力大于 20.0MPa。

一是低压 CO_2 压缩机国内使用较为广泛，主要用于 CO_2 分离及液化前增压，技术较为成熟。

二是中压 CO_2 压缩机，由于国内没有超临界输送案例，目前没有专用中压 CO_2 压缩机在国内投入使用。

三是高压 CO_2 压缩机，在我国部分开展 CO_2 驱油与埋存的油田已使用多年，第一台国产高压 CO_2 压缩机在 2010 年吉林油田黑 59 区块投入使用，验证了 CO_2 超临界注入的可行性，该压缩机设计排量为 $5\times10^4m^3/d$，设计出口压力为 25MPa。后期吉林油田又投产 $20\times10^4m^3/d$ 高压 CO_2 压缩机，设计出口压力为 28MPa，如图 6-2 所示。由于 CO_2 介质特殊性，高压超临界注入压缩机选择应满足下列要求：

（1）宜采用低转速、低活塞线速度机组；

（2）活塞杆宜采用耐 CO_2 腐蚀材质；

（3）机组应进行脉动分析；

（4）高压回流宜采用加热回流。

图 6-2　CO_2 高压超临界注入压缩机

四、橇装布站技术

长庆油田结合黄 3 区 CO_2 驱地形地貌特点，在试验区中心建设综合试验站 1 座，采用一体化橇装布站技术。该站建成后将具有功能集成、结构橇装、操作智能、管理数字化、投产快速、维护总成的特点，同时兼顾 CO_2 驱地面系统的快速建产及后期再利用的需求。

站内设备将按照一体化、橇装化设计思路，注入、集输及配套系统尽量采用一体化装置。长庆油田 CO_2 驱橇装化布站效果及部分橇装设备如图 6-3 所示。

图 6-3　长庆油田 CO_2 驱橇装化布站效果及部分橇装设备图

按照“一体化、橇装化”设计思路，与重大科技专项相结合，研发注入、集输及配套系统共形成一体化集成装置 6 类 16 套，详见表 6-2。

表 6-2　长庆油田黄 3 先导试验区一体化集成装置应用统计表

站场	系统	序号	装置名称	规格	数量
综合试验站	集输	1	油水加药一体化集成装置	加药泵 3 台	1 套
		2	两相分离一体化集成装置	$300m^3/d$	1 套
		3	三相分离一体化集成装置	$300m^3/d$	1 套
		4	外输计量一体化集成装置	DN80mm	1 套
		5	多相计量一体化集成装置	DN80mm	1 套
	注入	1	CO_2 注入一体化集成装置	$5m^3/h$、25MPa	1 套
		2	采出水回注一体化集成装置	$5m^3/h$、25MPa	1 套
	采出水处理	1	采出水处理一体化集成装置	$100m^3/d$	1 套
	气体处理	1	抽气机一体化集成装置	$2000m^3/d$	1 套
		2	变压吸附一体化集成装置	$10000m^3/d$	1 套
		3	压缩一体化集成装置	$7500m^3/d$	1 套
		4	分子筛脱水一体化集成装置	$7500m^3/d$	1 套
		5	制冷一体化集成装置	$7500m^3/d$	1 套
		6	提纯一体化集成装置	$7500m^3/d$	1 套
	配电	1	配电一体化集成装置	500kV·A	1 套
	仪表通信	1	自控通信集成装置		1 套
小计					16 套

五、二氧化碳驱油井井口集油罐

大庆油田 CO_2 驱先导试验和工业化试验在边远区块，针对油井较为分散且产量较低，不利于集中建站集输的具体情况，采取单井井场架设高架罐集油、罐车拉运的生产方式。

由于 CO_2 驱油井采出流体不但气液比高，而且易发生间歇性伴生气量过大，采用常规井口集油罐经常发生伴生气携带原油外泄，既污染井场不利于环保，又造成油气损失。因此，在开发试验过程中研制了新型集油罐，以解决油井间歇产出大量 CO_2 等伴生气情况下使用常规集油罐出现的安全和环保问题[2]。与常规井口集油罐相比，新型集油罐主要在以下 5 方面进行了改进。CO_2 驱油井井口集油罐结构示意图如图 6-4 所示。

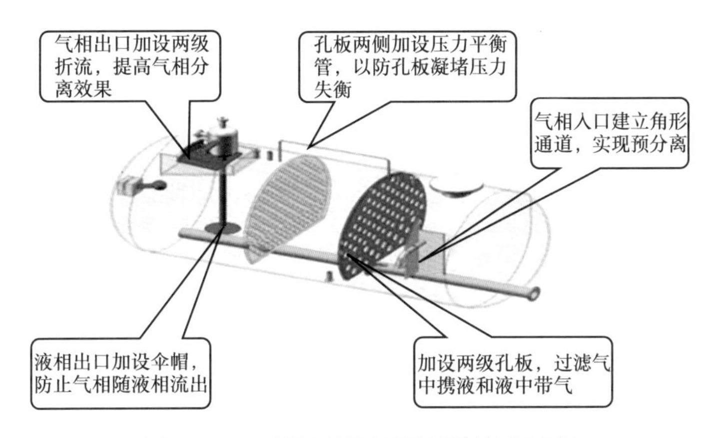

图 6-4　CO_2 驱油井井口集油罐结构示意图

（1）入口侧面近分气包侧增设一挡板，建立角形通道，气液相可在角形通道内预分离并且分别规整流型，以减少气相携带液滴量、减少液相携带气泡量，提高分离效率。同时，角形挡板背向气液相出口，可延长气液相介质流动路径，在不增大集油罐容积的情况下可以提高气液相沉降分离时间，以提高气液相分离效率。

（2）在集油罐内部挡板与集气腔间沿径向截面布置 2 级孔板组，既可以大幅度削弱间歇性高气油比对气液分离效果带来的影响，又有助于气液分离、提高分离效率。而且，采取孔板组方式还避免了 CO_2 驱采出介质易凝堵常规波纹板型气液分离构件的问题发生。孔板为大半圆形，圆缺位于容器底部，便于气液两相介质携带的泥沙沉积和清理。孔板上开设圆孔以角形布置，在不增大集油罐内径的情况下，可以尽量多布置圆孔，有助于提高气液相分离效果。根据气液相物性不同，位于液面以下的孔径大于位于液面以上气相空间的孔径，既便于气液相介质流动，又有利于进一步减少气相携带液滴量、减少液相携带气泡量，提高气液相分离效果。根据集油罐的处理量与容积，设置 2 级孔板组，一级孔板孔径大于二级孔板孔径，分级分离，可提高气液相分离效果。

（3）由于 CO_2 驱油开发的油井采出介质具有低温性，在产油井时原油有可能凝堵孔板组上的孔，再启动油井时孔板组两侧可能出现较大压力差，从而导致压力容器失效，甚至带来集油罐爆炸等安全问题。为了避免此类问题发生，集油罐上部设置有一个压力平衡管，平衡管两端分别连接于孔板组两侧气相空间，以平衡孔板组两侧腔体压力；同时，孔板组两侧的容器顶部各设置一个压力表，当孔板组两侧出现压力不平衡时，可报警，以防压力容器失效、避免安全事故发生。

（4）收液口位于集气腔侧液面下距容器底部 250cm 左右，以防泥沙随液相流出集油罐，给后续采出液处理工艺和设备带来负担。收液口的外沿设置伞形收液罩，对液相中的气泡起到折流作用，既可提高分离后的液相介质质量，又可防止液相携带气泡量过多对后续采出液处理工艺和设备带来的影响。

（5）集气腔进口处设有 2 级折流板，既可进一步保证分离后的气相介质质量，又可防止安全阀启动时带来的原油随气相一起外泄，减少油气损失，减少污染程度。折流板呈弓形，一级折流板尺寸远大于二级折流板并半包裹住二级折流板，既可提供折流通道又可保证足够的绕流路径，提高分离后的气相介质质量。2 级折流板沿着液相回流方向与水平呈 15°，以保证液相顺利回流至罐内。

早在 2014 年 5 月，对大庆油田采油八厂芳 186-133 油井井口高架罐开展了改造试验，该集油罐改造后至今稳定运行，芳 186-133 井生产参数见表 6-3。解决了油井间歇产出大量 CO_2 等伴生气情况下使用常规集油罐时，气液分离效果不好、安全阀开启频繁、伴生气携带一定量原油外泄，导致安全阀失效或凝堵等安全问题、环境和井场污染等环保问题及油气资源损失。

表 6-3　芳 186-133 井生产参数表

序号	参数名称	数值
1	井口回压 /MPa	≤ 1.5
2	井口出油温度 /℃	−5
3	产液质量含水 /%	5.5
4	日产油 /（t/d）	1.2~3.0
5	气油比 /（m^3/t）	180~675
6	CO_2 含量 /%	51.5~95.9

榆树林油田 CO_2 驱工业化试验区树 101 区块，85 口油井采取井口架罐集油方式，井场设置了 41 座井口拉油罐，全部借鉴新型集油罐结构，2014 年 10 月陆续投产至今平稳运行，累计产油量 6.6×10^4t 以上。

第二节　地面工程技术难点

一、工业气源低成本输送注入技术

CCUS 规模性开发后，气源与埋存驱油距离较远，采用液相拉运成本高，气相输送同管径输送量小，管道投资大，相态控制难；液相管输相态控制难。需要一种规模性、长距离、低成本的 CO_2 输送和注入技术，以实现 CCUS 效益开发。

二、采出流体集输技术优化与应用

CO_2 驱开发后，产出液物性变化大，伴生气气量不稳，造成地面集输系统难以适应。需要建立一种适应规模性 CO_2 开发的地面技术，实现地面系统安全稳定运行。

考虑 CO_2 驱开发后期，产出流体气油比逐渐增大，井筒工艺与地面工程需要一体化集成优化。在跟踪研究试验区 CO_2 驱产出液组分、特性基础上，从井筒到地面整体考虑，一体化设计井下携气举升—井口压力控制—地面逐级节流生产工艺和参数，实现采出端全过程安全、高效、平稳、受控运行。

采油工艺方面，以井下携气举升＋井口控压生产为主，井下应用中空防气泵提高泵效，考虑气液比随气驱见效程度持续上升的动态规律，为进一步减少气体对泵的影响，提高泵效，采取泵下气液分离将气体分离至油套环空，井口控压将套管气安全导入地面集输流程。依托物联网智能管控系统，结合高气液比井生产情况，采取实时动态优化举升参数和间歇举升方式等控制井筒压力快速升高措施，实现井筒压力、工艺及时优化调整和精细管控。

地面工艺方面，集输处理系统采用三级气液分离工艺流程。按照就近集中原则，在计量间进行一级分离，支干线气液分输，控制压力为 0.5~1.0MPa，减轻油气混输管道中的波动现象。在接转站二级分离控制压力为 0.2~0.3MPa，三级分离控制压力为 0.1~0.2MPa，实现系统逐级降压平稳运行（图 6-5）。

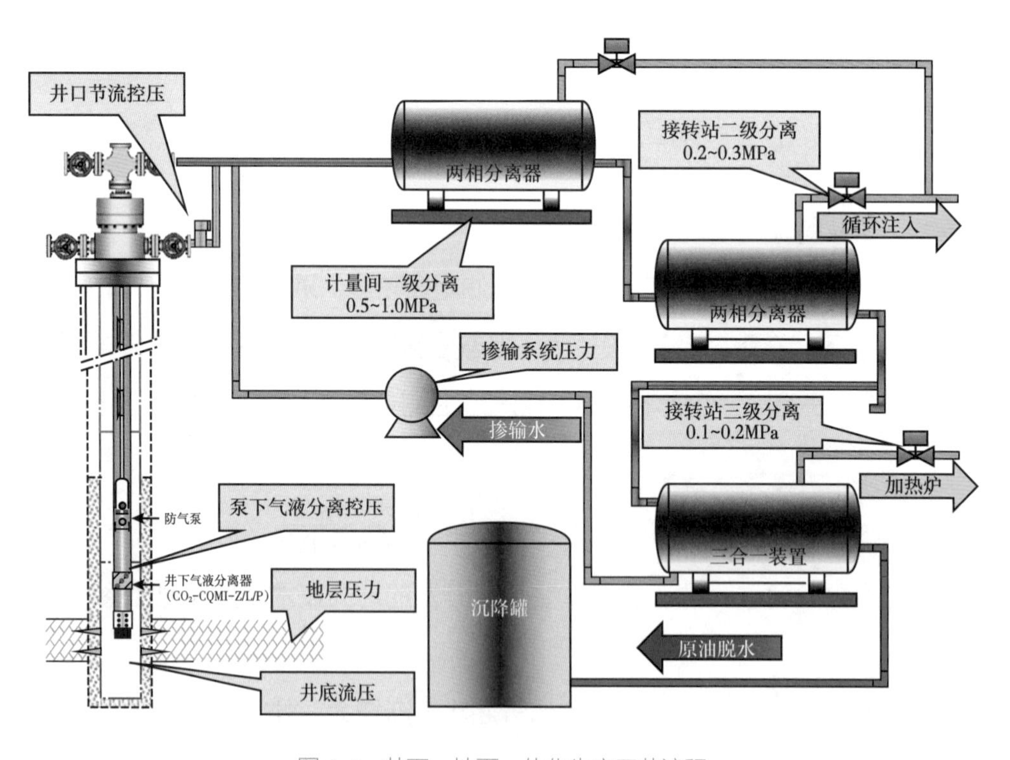

图 6-5　井下、地面一体化生产工艺流程

三、伴生气低成本循环注入技术

CO_2驱规模性开发后，伴生气大量产出，CO_2含量逐年升高，必须有效利用CO_2，实现CCUS项目零排放。在满足油藏CO_2回注浓度的条件下可直接回注，不满足情况下可与高浓度CO_2气源混合达标后回注，或是将伴生气中CO_2提纯回注。不论哪种回注方式，都需要一种经济合理的适应不同CO_2浓度伴生气循环注入流程。

第三节　发展方向

作为一项具有重大发展前景的提高采收率技术，业界对CO_2驱的气源条件、地质基础研究和提高采收率幅度，给予了较大的关注，而在建设投资占主体的地面工程发展研究中，关注程度和工作深度和广度尚亟待加强。就目前我国CO_2驱地面工程的总体状况看，与国外成熟的技术对比，突出表现为在攻关的方向和理念方面仍存在较大的差距，并成为工业化推广应用CO_2驱的制约因素。

一、二氧化碳气源超临界输送技术研究

目前，我国尚未开展超临界CO_2长距离管道建设，此方面的技术储备较为薄弱，工程经验为空白，国内小规模试验工程和短途运输中采用的CO_2输送，与工业规模的CO_2长距离输送有本质区别，虽然我国在油气长输管道建设有着丰富技术储备和建设运行经验，但超临界CO_2的这些特点，导致油气管道的建设经验和技术储备难以直接用于指导超临界CO_2管道的建设和运行，需要深化和建立以超临界CO_2的常温和普通碳钢管道输送作为主线的基本理念和技术体系；需要对管输工艺、管道断裂及腐蚀控制、设备制造、安全保障等方面存在的关键问题进行攻关研究；同时，开展适于国内气源条件的超临界输送工艺计算软件及相关参数研究，升级CO_2管输工艺、提升超临界CO_2管道断裂及腐蚀控制技术、研发百万吨级国产化装备、攻关百万吨及以上CO_2低能耗安全输送技术，形成超临界CO_2长距离管道输送技术标准体系，为开展百万吨级超临界

CO_2 管道示范工程提供技术支持，为我国开展 CCUS 规模化推广应用提供技术保障。

此外，国外在 40 年的长期实践中，为保证 CO_2 驱地面生产系统优化和平稳运行积累了大量的经验和数据，各主要 CO_2 驱工程公司均针对如 CO_2 对压缩（密度）和水饱和度等特殊敏感的性质及环境和操作条件变化对运行的影响等方面研究制定了完备详尽的公司内部设计规范、标准、计算方法和模型图板等，这些是保证生产平稳、安全和优化运行至关重要的基础手段，在国内仍待加研究。

二、低成本防腐技术研究

国外在 CO_2 -EOR 地面生产系统的总体布局、工艺流程和操作条件设定等基本工艺设计中，普遍采用行之有效的工艺措施制约腐蚀条件的形成，减少系统中的腐蚀环节，从而可以减少依靠不锈钢等昂贵材料应对腐蚀问题。在应对 CO_2 腐蚀的防腐材料应用中，国外多年来已广泛应用以玻璃钢管材、非金属衬里管材、容器设备的非金属衬里或涂层等为基础的 CO_2 驱防腐体系。

国内目前仍主要使用不锈钢材质为基本防腐措施，成本远比国外高，因此我国目前 CO_2 驱地面生产系统工艺设计中，还须强化这些理念和相应的设计手段，并加强非金属材料、涂层等抗腐蚀材料在 CO_2 驱地面设施中的应用研究，扭转工程上不得不大量依靠耐腐装置和设备，导致成本居高难下的局面。

三、二氧化碳驱油注入用国产化压缩机、增压泵设计制造技术

CO_2 增压设施，如超临界 CO_2 压缩机、超临界 CO_2 增压泵等，是 CO_2 驱的关键核心设备。无论用泵增压液态 CO_2 或用压缩机增压气态 CO_2，均需绕开临界温度、远离临界点，控制相态变化；用泵增压时要保持低温增压（远离液相泡点曲线避免气化），用压缩机增压时要保持高温增压（远离中、高密相区域）。

目前，在国外相关增压设施已形成专业化的产品。国内 CO_2 压缩机已是成熟产品，对于 CO_2 跨临界压缩技术国内也基本掌握，但目前绝大部分是为化工

生产所用，仅适用于压缩纯 CO_2，而油田驱油用的压缩机压缩的是含有烃类的 CO_2，这在相态图上是有区别的。因此，国内压缩机制造厂还需与油田进行结合，针对国内 CO_2 驱的气质特点，绘制变化了的相态图，根据变化后的相态图，进行“级间”冷凝冷却器和控制温度方式的设计；此外，还应完善 CO_2 压缩机、泵的设计选用规范。

1. 国内密相泵中期试验

CO_2 长输管道为降低管道管径，提高管道输量，采用密相管道输送是最为经济有效的手段。因此，诞生出管道气如何实现 CO_2 注入问题，根据管道气相态，压缩机无法满足管道气注入，需进行 CO_2 密相注入技术研究。

目前，通过工艺模拟，确定了密相 CO_2 注入技术路线，优化了密相 CO_2 注入工艺流程及相态控制方法，解决了国产增压设备的高压入口和相态控制的技术难题，建成橇装一体化 CO_2 密相注入装置，并于 2019 年 9 月在吉林油田大情字井地区投产，试验运行良好（图 6-6），奠定了密相 CO_2 注入技术可行性，通过对比密相泵与压缩机建设成本，密相泵较压缩机降低工程投资 50% 以上，对 CO_2 驱工业化具有里程碑的意义（表 6-4）。

图 6-6　吉林油田橇装 CO_2 密相注入小型试验装置

表 6-4　密相泵与压缩机对比表

项目	小型密相泵（试验装置）	压缩机
排量	250t/d（约 $10\times10^4m^3/d$）	$10\times10^4m^3/d$
压力	32MPa	32MPa
功率	150kW	800kW
投资	约 1/8 压缩机	1500 万元
配套	与注水泵相似	配套工艺复杂
维修	与注水泵相同	需要专业团队
占地	约 $50m^2$	约 $200m^2$
厂房	高约 3.6m	高约 7.2m

2. 工业化应用国产密相泵

目前，吉林油田仅试验了小型国产密相泵，尚未进行工业化推广的大型密相泵研发与制造，下一步将对工业化应用的国产密相泵展开技术攻关和设备研发。

3. 工业化应用的国产注入压缩机

目前，国产压缩机仅在吉林和福山油田进行了试验，2010 年吉林油田国产压缩机投产后，振动频繁，问题颇多，因此在 2014 年黑 46 工业化推广中，采用进口压缩机，单台最大规模为 $20\times10^4m^3/d$。福山油田在吉林油田工业化推广后开展了含 CO_2 天然气驱提高凝析气藏油气产量试验，由济柴动力成都压缩机厂提供国产超临界压缩机，规模为（8~10）$\times10^4m^3/d$，运行平稳。

1）国内小型注入压缩机试验

吉林油田黑 46 循环注入站建设有规模 $20\times10^4m^3/d$ CO_2 注入压缩机 2 台，规模 $10\times10^4m^3/d$ CO_2 超临界注入压缩机 2 台，均为进口压缩机（图 6-7）。

图 6-7　吉林油田整装进口 CO_2 注入压缩机

福山油田建有小型国产超临界压缩机 1 台，规模为（8~10）$\times10^4m^3/d$（图 6-8）。

图 6-8　海南福山油田 CO_2 驱先导试验现场注入压缩机

2）国内工业化压缩机正处于研发优化阶段

目前，国内尚无规模超过 $10\times10^4m^3/d$ 的国产压缩机投产设备，其应用的适应性尚无进一步评定，2021 年，中国石油开设重大科技专项“CO_2 规模化捕集、驱油与埋存全产业链关键技术研究及示范”项目，研究内容包括产出气增压与循环注入关键设备国产化研究，重点攻关高压超临界 CO_2 压缩机优化设计制造技术，试制 $10\times10^4m^3/d$ 规模往复式压缩机 1 台（图 6-9）。截至 2023 年，中国石油济柴动力成都压缩机公司已突破 CO_2 高压超临界压缩机关键技术，自主研发国产超临界压缩机 1 台，正在吉林油田开展现场试验，为 CCUS-EOR 的规模化、经济高效发展提供装备保障和技术支撑。

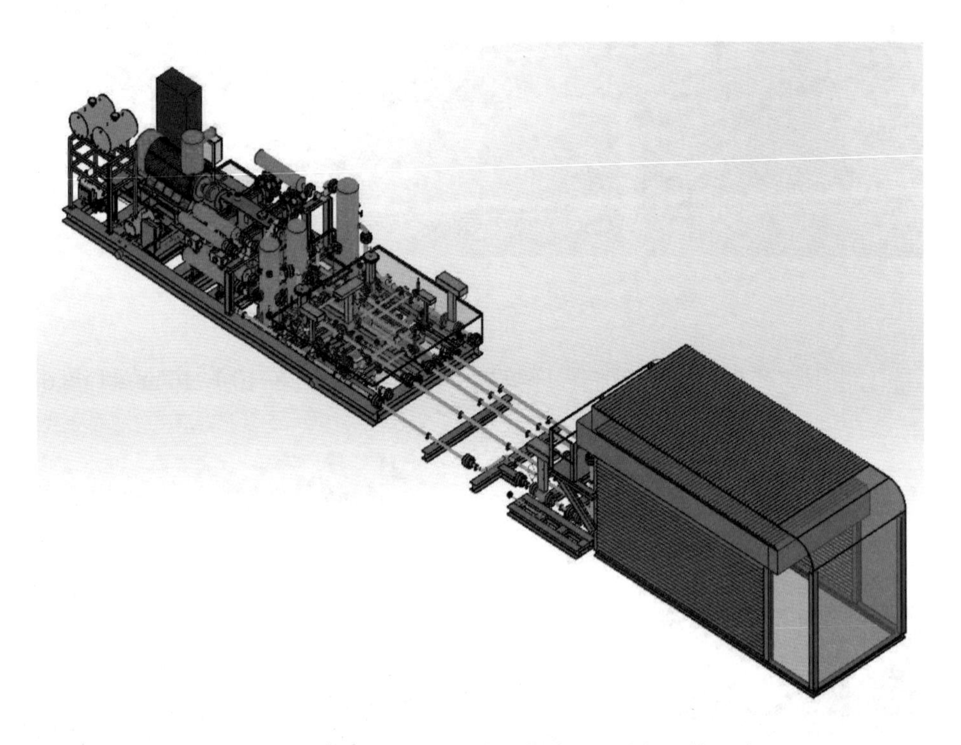

图 6-9　$10\times10^4m^3/d$ 国产 CO_2 高压超临界压缩机三维设计图

同时由于长输管道气和大规模 CCUS-EOR 阶段，油田产出伴生气量逐年增加，多台小型压缩机串联投资成本过高，仍需研发规模较大的 CO_2 注入压缩机实现含 CO_2 伴生气循环注入。

四、CCUS 融合新能源储能技术

近年来国家提出了关于大力发展清洁能源、建设生态文明的总体要求，并出台了多项支持政策，同时清洁能源相关技术和装备发展日臻成熟，成本逐年下降，为发展清洁能源业务提供了良好的机遇。在油气田企业利用清洁能源替代油气生产中消耗的天然气、原油、煤炭、火电等传统能源，具有较好的经济效益和良好的社会效益。CCUS 同时具有减碳和提高采收率双重效益，CCUS 融合新能源符合开发“清洁替代、战略接替、绿色转型”三步走战略，为能源转型和综合能源公司建设迈出坚实的一步，也为国家“碳中和”早日实现贡献一份力量。

截至 2021 年底，我国可再生能源发电装机达到 10.63×10^8kW，占总发电装机容量的 44.8%。其中，风电和光伏发电装机分别达到 3.28×10^8kW 和 3.06×10^8kW。但可再生能源特别是风电和光伏发电具有明显的波动性、周期性和不确定性等不利因素[3]，其大规模并网不仅给电网系统带来前所未有的挑战，也造成了巨大的能量浪费。因此，开发规模化高效储能系统已经成为学界和社会的重要共识[4]。

CO_2 储能（CES）技术是基于压缩空气储能（CAES）和 Brayton 发电循环的一种新型物理储能技术，具有储能密度大、运行寿命长、系统设备紧凑等优势，具有较好的发展和应用前景。2022 年 8 月，首个“二氧化碳 + 飞轮”储能示范项目已在四川省德阳市实施，利用 $25\times10^4m^3CO_2$ 作为循环工质充放电，2 小时可储电 2×10^4kW·h，满足 60 个家庭使用 1 个月。“二氧化碳 + 飞轮”储能基本原理是在用电低谷期，利用富余电力将 CO_2 气体压缩为液体，并储存产生的热能；用电高峰期，利用存储热能加热液态 CO_2 至气态，驱动飞轮发电，可有效平滑电网波动性。

CO_2 储能技术的发展趋势将以解决高压储存设备依赖、关键涡轮机械设备开发和“源—网—荷—储”多场景应用为导向，结合 CCUS 和 CO_2 工质化利用技术进步，逐步实现从概念设计，到实验验证，再到工程示范，最后实现技术的应用推广[5]。

参考文献

[1] 刘斌. 油气田企业推进 CCUS 技术应用面临的挑战及对策 [J]. 石油科技论坛，2022，41（04）：34-42.

[2] 庞志庆，孟岚，彭启忠. 低产低渗油田注二氧化碳驱油效益开发地面关键设备创新与应用 [J]. 热力发电，2021，50（1）：1-7.

[3] CHEN S，ZHU T，GAN Z X，et al. Optimization of operation strategies for a combined cooling，heating and power system based on adiabatic compressed air energy storage[J]. Journal of Thermal Science，2020，29（5）：1135-1148.

[4] 严晓辉，徐玉杰，纪律，等. 我国大规模储能技术发展预测及分析 [J]. 中国电力，2013，46（8）：22-29.

[5] 郝佳豪，越云凯，张家俊，等. 二氧化碳储能技术研究现状与发展前景 [J]. 储能科学与技术，2022，11（10）：3285-3296.